短期集中ゼミ　看護・医療系　数学Ⅰ・A

1 指数法則や分配法則を使って1つ1つ計算を進める。

(1) $\left(\dfrac{1}{2}x^3y^2\right)^3 \div \left(-\dfrac{3}{4}x^2y\right)^2$

$=\dfrac{x^{9}y^{6}}{8} \times \dfrac{16}{9x^4y^2}$

$=\dfrac{2}{9}x^5y^4$

(2) $5x^2y \times 12xy^2 \div (-2x$

$=\dfrac{5x^2y \times 12xy^2}{4x^2y}$

$=15xy$

(3) $(x-1)(y-1)(z-1)$

$=(xy-x-y+1)(z-$

$=(xy-x-y+1)z-(xy-x-y+1)$

$=xyz-xz-yz+z-xy+x+y-1$

$=xyz-xy-yz-zx+x+y+z-1$

(4) $(2x+3y)(3x-2y)-(2x-3y)(3x+2y)$

$=6x^2+5xy-6y^2-(6x^2-5xy-6y^2)$

$=10xy$

(5) $(x+2)(x+3)(3x-2)-4(x-1)(x+3)$

$=(x^2+5x+6)(3x-2)-4(x^2+2x-3)$

$=3x^3+15x^2+18x-2x^2-10x-12$

$\qquad\qquad\qquad\quad -4x^2-8x+12$

$=3x^3+9x^2$

2 (1) $(ax+b)(cx+d)$
$=acx^2+(ad+bc)x+bd$

$(2x+5y)(3x-4y)$

$=6x^2+(-8+15)xy-20y^2$

$=6x^2+7xy-20y^2$

(2) $(a+b)(a-b)=a^2-b^2$ を使う。

$(-3x+y)(3x+y)$

$=-(3x-y)(3x+y)$

$=-(9x^2-y^2)$

$=-9x^2+y^2$

(3) $a^2b^2=(ab)^2$ を使う。

$(2x+3y)^2(2x-3y)^2$

$=\{(2x+3y)(2x-3y)\}^2$

$=(4x^2-9y^2)^2$

$=16x^4-72x^2y^2+81y^4$

(4) $(a+b+c)^2$
$=a^2+b^2+c^2+2ab+2bc+2ca$ を使う。

$(x+2y-4z)^2$

$=x^2+(2y)^2+(-4z)^2$

$\qquad \cdot 2y\cdot(-4z)+2(-4z)x$

$\qquad\quad x^2+4xy-16yz-8zx$

$\cdots)=a^2-b^2$ を使う。

$\cdots)(a^2+b^2)$

$\cdots -b^2)$

$=a^4-b^4$

3 (1) $a-b=A$ とおく。

$(a-b+4)(a-b-7)$

$a-b=A$ とおくと

$(与式)=(A+4)(A-7)$

$=A^2-3A-28$

$=(a-b)^2-3(a-b)-28$

$=a^2-2ab+b^2-3a+3b-28$

(2),(3) $(A+B)(A-B)=A^2-B^2$ が使えるように変形する。

(2) $(3x+2y-z)(3x-2y-z)$

$=\{(3x-z)+2y\}\{(3x-z)-2y\}$

$=(3x-z)^2-4y^2$

$=9x^2-6xz+z^2-4y^2$

$=9x^2-4y^2+z^2-6xz$

(3) $(a+b-c-d)(a-b-c+d)$

$=\{(a-c)+(b-d)\}\{(a-c)-(b-d)\}$

$=(a-c)^2-(b-d)^2$

$=a^2-2ac+c^2-(b^2-2bd+d^2)$

$=a^2-b^2+c^2-d^2-2ac+2bd$

(4) $(x+3)(x-2)(x^2-x-6)$

$=(x+3)(x-2)(x-3)(x+2)$

$=(x+3)(x-3)(x-2)(x+2)$

$$=(x^2-9)(x^2-4)$$
$$=(x^2)^2-13x^2+36$$
$$=x^4-13x^2+36$$

(5) **$(x-1)(x-2)(x-3)(x-4)$**
次のおきかえを考えて展開する。

$$\underbrace{(x-1)}\underbrace{(x-2)}\underbrace{(x-3)}\underbrace{(x-4)}$$
$$=\underbrace{(x-1)(x-4)}\underbrace{(x-2)(x-3)}$$
$$=(x^2-5x+4)(x^2-5x+6)$$
$$x^2-5x=A \ とおくと$$
$$=(A+4)(A+6)$$
$$=A^2+10A+24$$
$$=(x^2-5x)^2+10(x^2-5x)+24$$
$$=x^4-10x^3+25x^2+10x^2-50x+24$$
$$=\boldsymbol{x^4-10x^3+35x^2-50x+24}$$

4 (1) **タスキ掛けを使う。**

$$2x^2-6xy-20y^2$$
$$=2(x^2-3xy-10y^2)$$

$$
\begin{array}{ccc}
1 & 2 & \cdots\cdots\ 2 \\
1 & -5 & \cdots\cdots -5 \\
\hline
1 & -10 & -3
\end{array}
$$

$$=2(x+2y)(x-5y)$$

(2) **最低次数の文字 a で整理する。**

$$ab^2-bc^2+b^2c-c^2a$$
$$=a(b^2-c^2)+(b^2c-bc^2)$$
$$=a(b+c)(b-c)+bc(b-c)$$
$$=(b-c)\{a(b+c)+bc\}$$
$$=\boldsymbol{(b-c)(ab+bc+ca)}$$

(3) **x の2次式とみて整理し，タスキ掛けを使う。**

$$x^2-2xy+4x+y^2-4y+3$$
$$=x^2-(2y-4)x+(y-1)(y-3)$$

$$
\begin{array}{ccc}
1 & -(y-1) & \cdots\cdots -y+1 \\
1 & -(y-3) & \cdots\cdots -y+3 \\
\hline
 & & -2y+4
\end{array}
$$

$$=\boldsymbol{(x-y+1)(x-y+3)}$$

(4) **$(A)^2-(B)^2=(A+B)(A-B)$ を使う。**

$$(2x+3y+1)^2-(x+y+1)^2$$

$$=\{(2x+3y+1)+(x+y+1)\}$$
$$\times\{(2x+3y+1)-(x+y+1)\}$$
$$=\boldsymbol{(3x+4y+2)(x+2y)}$$

(5) **a の2次式とみて整理する。**

$$a^2(b-c)+b^2(c-a)+c^2(a-b)$$
$$=(b-c)a^2+b^2c-b^2a+c^2a-c^2b$$
$$=(b-c)a^2-(b^2-c^2)a+b^2c-bc^2$$
$$=(b-c)a^2-(b+c)(b-c)a$$
$$\qquad\qquad +bc(b-c)$$
$$=(b-c)\{a^2-(b+c)a+bc\}$$
$$=(b-c)(a-b)(a-c)$$
$$=\boldsymbol{-(a-b)(b-c)(c-a)}$$

(6) **$x^4+x^2y^2+y^4=X^2-Y^2$**
の形に変形する。

$$x^4+x^2y^2+y^4$$
$$=(x^2+y^2)^2-x^2y^2$$
$$=(x^2+y^2+xy)(x^2+y^2-xy)$$
$$=\boldsymbol{(x^2+xy+y^2)(x^2-xy+y^2)}$$

5 (1) **$2x^2+x=A$ とおいて一度展開してから A について因数分解する。**

$$(2x^2+x-12)(2x^2+x-13)-6$$
$$2x^2+x=A \ とおくと$$
$$=(A-12)(A-13)-6$$
$$=A^2-25A+150$$
$$=(A-10)(A-15)$$
$$=(2x^2+x-10)(2x^2+x-15)$$

$$
\begin{array}{ccc}
1 & -2 & \cdots -4 \\
2 & 5 & \cdots\ 5 \\
\hline
2 & -10 &
\end{array}
\qquad
\begin{array}{ccc}
1 & 3 & \cdots\ 6 \\
2 & -5 & \cdots -5 \\
\hline
2 & -15 & 1
\end{array}
$$

$$=\boldsymbol{(x-2)(2x+5)(x+3)(2x-5)}$$

(2) **$(x-1)(x-3)(x-5)(x-7)+15$**
組合せを考えて展開し，$x^2-8x=A$ とおいて，A の2次式にして因数分解する。

$$\underbrace{(x-1)}\underbrace{(x-3)}\underbrace{(x-5)}\underbrace{(x-7)}+15$$
$$=\underbrace{(x-1)(x-7)}\underbrace{(x-3)(x-5)}+15$$
$$=(x^2-8x+7)(x^2-8x+15)+15$$
$$x^2-8x=A \ とおくと$$
$$=(A+7)(A+15)+15$$

$$= A^2 + 22A + 120$$
$$= (A+10)(A+12)$$
$$= (x^2-8x+10)(x^2-8x+12)$$
$$= \boldsymbol{(x-2)(x-6)(x^2-8x+10)}$$

(3) $x+z=A$ とおく。

$$(x+y+z)(x+3y+z)-8y^2$$

$x+z=A$ とおくと

$$(与式)=(A+y)(A+3y)-8y^2$$
$$=A^2+4yA-5y^2$$
$$=(A+5y)(A-y)$$
$$=\boldsymbol{(x+5y+z)(x-y+z)}$$

(4) $x+1=A$ とおく。

$$(x+y+z+1)(x+1)+yz$$

$x+1=A$ とおくと

$$(与式)=(A+y+z)A+yz$$
$$=A^2+(y+z)A+yz$$
$$=(A+y)(A+z)$$
$$=\boldsymbol{(x+y+1)(x+z+1)}$$

6 (1) (i) $\sqrt{6}+\sqrt{3}$ を分母, 分子に掛ける。

$$\frac{\sqrt{6}+\sqrt{3}}{\sqrt{6}-\sqrt{3}}$$
$$=\frac{(\sqrt{6}+\sqrt{3})^2}{(\sqrt{6}-\sqrt{3})(\sqrt{6}+\sqrt{3})}$$
$$=\frac{6+2\sqrt{18}+3}{6-3}$$
$$=\frac{9+6\sqrt{2}}{3}$$
$$=\boldsymbol{3+2\sqrt{2}}$$

(ii) $5\sqrt{2}-\sqrt{7}$ を分母, 分子に掛ける。

$$\frac{4\sqrt{14}-3}{5\sqrt{2}+\sqrt{7}}$$
$$=\frac{(4\sqrt{14}-3)(5\sqrt{2}-\sqrt{7})}{(5\sqrt{2}+\sqrt{7})(5\sqrt{2}-\sqrt{7})}$$
$$=\frac{40\sqrt{7}-28\sqrt{2}-15\sqrt{2}+3\sqrt{7}}{50-7}$$
$$=\frac{43(\sqrt{7}-\sqrt{2})}{43}=\boldsymbol{\sqrt{7}-\sqrt{2}}$$

(2) (i) 前は $\sqrt{2}-\sqrt{3}$, 後は $\sqrt{3}-2$ を分母, 分子に掛ける。

$$\frac{1}{\sqrt{2}+\sqrt{3}}+\frac{1}{\sqrt{3}+2}$$
$$=\frac{\sqrt{2}-\sqrt{3}}{(\sqrt{2}+\sqrt{3})(\sqrt{2}-\sqrt{3})}$$
$$\qquad +\frac{\sqrt{3}-2}{(\sqrt{3}+2)(\sqrt{3}-2)}$$
$$=\frac{\sqrt{2}-\sqrt{3}}{2-3}+\frac{\sqrt{3}-2}{3-4}$$
$$=-\sqrt{2}+\sqrt{3}-\sqrt{3}+2$$
$$=\boldsymbol{2-\sqrt{2}}$$

(ii) それぞれの分母を有理化する。

$$\frac{1}{2+\sqrt{3}}+\frac{2}{\sqrt{6}-2}-\frac{\sqrt{3}}{\sqrt{2}+1}$$
$$=\frac{2-\sqrt{3}}{(2+\sqrt{3})(2-\sqrt{3})}$$
$$\qquad +\frac{2(\sqrt{6}+2)}{(\sqrt{6}-2)(\sqrt{6}+2)}$$
$$\qquad -\frac{\sqrt{3}(\sqrt{2}-1)}{(\sqrt{2}+1)(\sqrt{2}-1)}$$
$$=\frac{2-\sqrt{3}}{4-3}+\frac{2(\sqrt{6}+2)}{6-4}-\frac{\sqrt{6}-\sqrt{3}}{2-1}$$
$$=2-\sqrt{3}+\sqrt{6}+2-\sqrt{6}+\sqrt{3}$$
$$=\boldsymbol{4}$$

(iii) 始めに分母を計算してから有理化する。

$$\frac{6}{(\sqrt{7}-\sqrt{5})^2}+\frac{2}{(\sqrt{7}+\sqrt{5})^2}$$
$$=\frac{6}{7-2\sqrt{35}+5}+\frac{2}{7+2\sqrt{35}+5}$$
$$=\frac{6}{12-2\sqrt{35}}+\frac{2}{12+2\sqrt{35}}$$
$$=\frac{3}{6-\sqrt{35}}+\frac{1}{6+\sqrt{35}}$$
$$=\frac{3(6+\sqrt{35})+6-\sqrt{35}}{(6-\sqrt{35})(6+\sqrt{35})}$$
$$=\frac{18+3\sqrt{35}+6-\sqrt{35}}{36-35}$$
$$=\boldsymbol{24+2\sqrt{35}}$$

7 (1) 有理化して $x+y$ を求めて, $x^2+y^2=(x+y)^2-2xy$ に代入する。

(i) $x+y=\dfrac{1}{\sqrt{5}+\sqrt{3}}+\dfrac{1}{\sqrt{5}-\sqrt{3}}$

$=\dfrac{(\sqrt{5}-\sqrt{3})+(\sqrt{5}+\sqrt{3})}{(\sqrt{5}+\sqrt{3})(\sqrt{5}-\sqrt{3})}$

$=\dfrac{2\sqrt{5}}{5-3}=\boldsymbol{\sqrt{5}}$

$xy=\dfrac{1}{\sqrt{5}+\sqrt{3}}\times\dfrac{1}{\sqrt{5}-\sqrt{3}}$

$=\dfrac{1}{5-3}=\boldsymbol{\dfrac{1}{2}}$

(ii) $x^3y+xy^3=xy(x^2+y^2)$

$=xy\{(x+y)^2-2xy\}$

$=\dfrac{1}{2}\left\{(\sqrt{5})^2-2\cdot\dfrac{1}{2}\right\}$

$=\dfrac{1}{2}(5-1)=\boldsymbol{2}$

(2) $x+y$, xy を求め，与式を $x+y$ と xy に変形して代入する。

$x+y=(\sqrt{2}+1)+(\sqrt{2}-1)=2\sqrt{2}$

$xy=(\sqrt{2}+1)(\sqrt{2}-1)=2-1=1$

x^2+xy+y^2

$=(x+y)^2-2xy+xy$

$=(x+y)^2-xy$

$=(2\sqrt{2})^2-1=\boldsymbol{7}$

x^3+y^3

$=(x+y)^3-3xy(x+y)$

$=(2\sqrt{2})^3-3\cdot1\cdot2\sqrt{2}$

$=16\sqrt{2}-6\sqrt{2}=\boldsymbol{10\sqrt{2}}$

(3) $a^2+b^2=(a+b)^2-2ab$ に代入して ab の値を求める。

$a^2+b^2=(a+b)^2-2ab$

に $a^2+b^2=3$, $a+b=1$ を代入して

$3=1^2-2ab$

$2ab=-2$ よって，$ab=\boldsymbol{-1}$

$a^3+b^3=(a+b)^3-3ab(a+b)$

$=1^3-3\cdot(-1)\cdot1=\boldsymbol{4}$

8 (1) $\sqrt{(a+b)\pm2\sqrt{ab}}=\sqrt{a}\pm\sqrt{b}$ $(a>b>0)$ の公式を利用。

(i) $\sqrt{8+2\sqrt{15}}=\sqrt{(5+3)+2\sqrt{5\times3}}$

$=\boldsymbol{\sqrt{5}+\sqrt{3}}$

(ii) $\sqrt{7-4\sqrt{3}}=\sqrt{7-2\sqrt{12}}$

$=\sqrt{(4+3)-2\sqrt{4\times3}}$

$=\sqrt{4}-\sqrt{3}$

$=\boldsymbol{2-\sqrt{3}}$

(iii) $\sqrt{5+\sqrt{21}}=\sqrt{\dfrac{10+2\sqrt{21}}{2}}$

$=\dfrac{\sqrt{10+2\sqrt{21}}}{\sqrt{2}}$

$=\dfrac{\sqrt{(7+3)+2\sqrt{7\times3}}}{\sqrt{2}}$

$=\dfrac{\sqrt{7}+\sqrt{3}}{\sqrt{2}}$

$=\boldsymbol{\dfrac{\sqrt{14}+\sqrt{6}}{2}}$

(2) $\sqrt{3+\sqrt{5}}+\sqrt{3-\sqrt{5}}$

$=\sqrt{\dfrac{6+2\sqrt{5}}{2}}+\sqrt{\dfrac{6-2\sqrt{5}}{2}}$

$=\dfrac{\sqrt{(5+1)+2\sqrt{5\times1}}}{\sqrt{2}}$

$+\dfrac{\sqrt{(5+1)-2\sqrt{5\times1}}}{\sqrt{2}}$

$=\dfrac{\sqrt{5}+\sqrt{1}}{\sqrt{2}}+\dfrac{\sqrt{5}-\sqrt{1}}{\sqrt{2}}$

$=\dfrac{2\sqrt{5}}{\sqrt{2}}=\boldsymbol{\sqrt{10}}$

9 (1) $\dfrac{8}{\sqrt{5}+1}$ を有理化して，自然数で挟む。

$\dfrac{8}{\sqrt{5}+1}=\dfrac{8(\sqrt{5}-1)}{(\sqrt{5}+1)(\sqrt{5}-1)}$

$=\dfrac{8(\sqrt{5}-1)}{5-1}=2\sqrt{5}-2$

$2\sqrt{5}=\sqrt{20}$ より

$\sqrt{16}<\sqrt{20}<\sqrt{25}$

したがって $4<\sqrt{20}<5$

これより $2<\sqrt{20}-2<3$

$\qquad 2<2\sqrt{5}-2<3$

よって，整数部分 a は $a=2$

小数部分 b は

$b=(2\sqrt{5}-2)-2=\boldsymbol{2\sqrt{5}-4}$

$a^2+4ab+b^2$

$=2^2+4\cdot2(2\sqrt{5}-4)+(2\sqrt{5}-4)^2$

$$=4+16\sqrt{5}-32+20-16\sqrt{5}+16$$
$$=8$$

(2) $\sqrt{9}<\sqrt{11}<\sqrt{16}$ であることから求める。

$\sqrt{9}<\sqrt{11}<\sqrt{16}$ より
$3<\sqrt{11}<4$ ……①
ゆえに，小数部分 a は $a=\sqrt{11}-3$
$$\frac{1}{a}=\frac{1}{\sqrt{11}-3}=\frac{\sqrt{11}+3}{(\sqrt{11}-3)(\sqrt{11}+3)}$$
$$=\frac{\sqrt{11}+3}{11-9}=\frac{\sqrt{11}+3}{2}$$
また，①より $6<\sqrt{11}+3<7$ だから
$$3<\frac{\sqrt{11}+3}{2}<\frac{7}{2}$$
よって，$\dfrac{1}{a}$ の小数部分は
$$\frac{\sqrt{11}+3}{2}-3=\frac{\sqrt{11}-3}{2}$$

10 (1)，(2)は絶対値記号の計算規則に従って絶対値記号をはずす。

(1) $|\sqrt{7}-3|+|\sqrt{5}-3|-|\sqrt{5}-\sqrt{7}|$
$$=-(\sqrt{7}-3)-(\sqrt{5}-3)$$
$$+(\sqrt{5}-\sqrt{7})$$
$$=-\sqrt{7}+3-\sqrt{5}+3+\sqrt{5}-\sqrt{7}$$
$$=6-2\sqrt{7}$$

(2) $-3\leqq x\leqq 2$ のとき
$x+3\geqq 0,\ x-2\leqq 0$ だから
$|x+3|+|x-2|$
$$=x+3-(x-2)$$
$$=5$$

(3) $|x-1|$ は $x=1$，$2|x-2|$ は $x=2$ が場合分けの分岐点になる。
$$|x-1|=\begin{cases}x-1\ (x\geqq 1)\\-x+1\ (x<1)\end{cases}$$
$$2|x-2|=\begin{cases}2(x-2)\ (x\geqq 2)\\-2(x-2)\ (x<2)\end{cases}$$

$A=|x-1|+2|x-2|$
$x<1$ のとき
$$A=-(x-1)-2(x-2)=-3x+5$$
$1\leqq x<2$ のとき

$$A=(x-1)-2(x-2)=-x+3$$
$2\leqq x$ のとき
$$A=(x-1)+2(x-2)=3x-5$$
これより
$$A=\begin{cases}-3x+5\ (x<1)\\-x+3\ (1\leqq x<2)\\3x-5\ (2\leqq x)\end{cases}$$

11 (1) 頂点を求め，平行移動，折り返す移動によって，頂点がどこに移るか求める。上下に折り返すと x^2 の係数の符号が反対になるので注意する。

$$y=2x^2-4x-2$$
$$=2(x^2-2x)-2$$
$$=2\{(x-1)^2-1\}-2$$
$$=2(x-1)^2-4$$
頂点は $(1,\ -4)$
頂点を x 軸方向に 4，y 軸方向に -3 だけ平行移動すると
$1+4=5,\ -4-3=-7$ より
頂点は $(5,\ -7)$ に移る。
よって，$y=2(x-5)^2-7$
直線 $y=-1$ に関して折り返すと頂点 $(1,\ -4)$ は点 $(1,\ 2)$ に移る。
よって，$y=-2(x-1)^2+2$

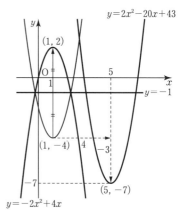

(2) $y=x^2+4x+6$ のほうを平行移動させた式が $y=x^2+ax+b$ になると考える。

$y = x^2 + 4x + 6$
$\qquad = (x+2)^2 + 2$ より

頂点は $(-2, 2)$

x 軸方向に 3，y 軸方向に -5
だけ平行移動すると $(1, -3)$ となる
から

$y = (x-1)^2 - 3$
$y = x^2 - 2x - 2$

これが $y = x^2 + ax + b$ に等しいから

$\boldsymbol{a = -2,\ b = -2}$

別解

$\quad y = x^2 + ax + b$
$\qquad = \left(x + \dfrac{a}{2}\right)^2 - \dfrac{a^2}{4} + b$

頂点は $\left(-\dfrac{a}{2},\ -\dfrac{a^2}{4} + b\right)$ で

x 軸方向に -3，y 軸方向に 5
だけ平行移動すると点 $(-2, 2)$ に一
致するから

$-\dfrac{a}{2} - 3 = -2,\quad -\dfrac{a^2}{4} + b + 5 = 2$

これより $a = -2\quad b = -2$

別解

放物線 $y = x^2 + ax + b$ を
x 軸方向に -3　y 軸方向に 5
だけ平行移動した式は
$x \rightarrow x+3$，$y \rightarrow y-5$ を代入して

$y - 5 = (x+3)^2 + a(x+3) + b$
$y = x^2 + (a+6)x + 3a + b + 14$

これが $y = x^2 + 4x + 6$ に等しいから

$a + 6 = 4,\quad 3a + b + 14 = 6$

これより $a = -2,\ b = -2$

12 (1) (i)は平方完成し，(ii)はグラフをかく。

(i) $y = -\dfrac{1}{2}x^2 + x + 1$

$\qquad = -\dfrac{1}{2}(x^2 - 2x) + 1$

$\qquad = -\dfrac{1}{2}\{(x-1)^2 - 1\} + 1$

$\qquad = -\dfrac{1}{2}(x-1)^2 + \dfrac{3}{2}$

よって，$x = 1$ のとき　最大値 $\dfrac{3}{2}$

(ii)　$y = 2x^2 - 3x + 2\quad (-1 \leqq x \leqq 2)$

$\qquad = 2\left(x^2 - \dfrac{3}{2}x\right) + 2$

$\qquad = 2\left\{\left(x - \dfrac{3}{4}\right)^2 - \dfrac{9}{16}\right\} + 2$

$\qquad = 2\left(x - \dfrac{3}{4}\right)^2 - \dfrac{9}{8} + 2$

$\qquad = 2\left(x - \dfrac{3}{4}\right)^2 + \dfrac{7}{8}$

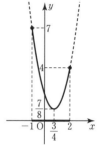

上のグラフより

$x = -1$ のとき　最大値 7

$x = \dfrac{3}{4}$ のとき　最小値 $\dfrac{7}{8}$

(2)　定義域 $-1 \leqq x \leqq 4$ と軸の位置を考え
て最大となる x の値を求める。

$y = 2x^2 - 8x + c\quad (-1 \leqq x \leqq 4)$
$\qquad = 2(x^2 - 4x) + c$
$\qquad = 2\{(x-2)^2 - 4\} + c$
$\qquad = 2(x-2)^2 - 8 + c$

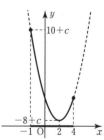

上のグラフより

最大値は $x = -1$ のときで，このとき

$\quad y = 2 + 8 + c = 10 + c$

(i)　最大値が 6 だから

$\quad 10 + c = 6$　よって，$c = -4$

(ii) 最小値は $x=2$ のとき
$$y=-8+c$$
よって, $d=(10+c)-(-8+c)=18$

13 (1) (i) $y=a(x-1)^2+1$ とおく。

$x=1$ のとき最大値が1だから
頂点は $(1, 1)$ である。
$y=a(x-1)^2+1$ とおくと, 原点を通るから
$$0=a(-1)^2+1 \qquad a=-1$$
よって, $y=-(x-1)^2+1$
$$y=-x^2+2x$$

(ii) $y=ax^2+bx+c$ で $a=1$ だから $y=x^2+bx+c$ とおく。

$y=x^2+bx+c$ とおくと, 2点 $(1, 3)$, $(4, 3)$ を通るから
$3=1+b+c$ より $b+c=2$ ……①
$3=16+4b+c$ より $4b+c=-13$
……②
①, ②を解いて $b=-5$, $c=7$
よって, $y=x^2-5x+7$

(iii) x 軸と $(2, 0)$, $(4, 0)$ で交わるから $y=a(x-2)(x-4)$ とおく。

x 軸と $(2, 0)$, $(4, 0)$ で交わるから
$y=a(x-2)(x-4)$ とおける。
点 $(0, 4)$ を通るから
$$4=8a \text{ より } a=\frac{1}{2}$$
よって, $y=\frac{1}{2}(x-2)(x-4)$ より
$$y=\frac{1}{2}x^2-3x+4$$

(2) $y=a(x+2)^2+1$ $(a>0)$ と表せる。

$x=-2$ で最小値1をとるから, グラフは下に凸で, 頂点は $(-2, 1)$ である。
したがって,
$$y=a(x+2)^2+1 \ (a>0) \text{ と表せる。}$$
$$=ax^2+4ax+4a+1$$
これが $y=ax^2+a^2x+b$ と等しいから

$a^2=4a$ ……①, $b=4a+1$ ……②
①より $a(a-4)=0$
ゆえに $a=4$ $(a>0)$
②に代入して, $b=4\cdot4+1=17$
よって, $a=4$, $b=17$

別解 $y=ax^2+a^2x+b$ を平方完成して, 最小値を求める。

$$y=ax^2+a^2x+b$$
$$=a(x^2+ax)+b$$
$$=a\left\{\left(x+\frac{a}{2}\right)^2-\frac{a^2}{4}\right\}+b$$
$$=a\left(x+\frac{a}{2}\right)^2-\frac{a^3}{4}+b$$

$x=-2$ で最小値1をとるから, グラフは下に凸で $a>0$ であり,
$x=-\frac{a}{2}$ のとき最小値 $-\frac{a^3}{4}+b$ だから
$$-\frac{a}{2}=-2 \cdots①, \ -\frac{a^3}{4}+b=1 \cdots②$$
①より $a=4$ $(a>0$ を満たす)
②に代入して $-16+b=1$, $b=17$
よって, $a=4$, $b=17$

14 $y=ax^2+bx+c$ とおいて, 3点を代入し a, b, c の3元連立方程式を解く。

(1) $y=ax^2+bx+c$ とおくと
$(0, -2)$ を通るから
$$c=-2$$
$(1, 3)$ を通るから
$$a+b+c=3 \qquad \text{……①}$$
$(2, 10)$ を通るから
$$4a+2b+c=10 \qquad \text{……②}$$
$c=-2$ を①, ②に代入して
$$a+b=5 \qquad \text{……③}$$
$$4a+2b=12 \qquad \text{……④}$$
③, ④より
$$a=1 \quad b=4$$
よって, $y=x^2+4x-2$

(2) $y=ax^2+bx+c$ とおくと
点 $(1, 15)$ を通るから
$$a+b+c=15 \qquad \text{……①}$$

点 $(-1, -3)$ を通るから
$$a-b+c=-3 \quad \cdots\cdots ②$$
点 $(-3, 3)$ を通るから
$$9a-3b+c=3 \quad \cdots\cdots ③$$
①－②より
$$2b=18, \quad b=9$$
①，③に代入して
$$a+c=6 \quad \cdots\cdots ④$$
$$9a+c=30 \quad \cdots\cdots ⑤$$
④，⑤より $a=3, \quad c=3$
よって，$y=3x^2+9x+3$

(3) $y=ax^2+bx+c$ とおくと，
点 $(1, 4)$ を通るから
$$a+b+c=4 \quad \cdots\cdots ①$$
点 $(-2, 1)$ を通るから
$$4a-2b+c=1 \quad \cdots\cdots ②$$
点 $(-3, 8)$ を通るから
$$9a-3b+c=8 \quad \cdots\cdots ③$$
①－②より
$$-3a+3b=3 \quad \cdots\cdots ④$$
②－③より
$$-5a+b=-7 \quad \cdots\cdots ⑤$$
④，⑤より $a=2, \quad b=3$
①に代入して，$c=-1$
よって，$y=2x^2+3x-1$

15 (1)は因数分解，(2), (3), (4)は解の公式を使う。特に(3)(4)は $2b'$ の方の公式が使える。

(1) $6x^2-x-12=0$
$$(2x-3)(3x+4)=0$$
よって，$x=\dfrac{3}{2}, \quad -\dfrac{4}{3}$

$$\begin{array}{c|cc} 2 & & -3 \cdots -9 \\ 3 & \times & 4 \cdots\ 8 \\ \hline 6 & -12 & -1 \end{array}$$

(2) $3x^2+4x+1=3x+2$
$$3x^2+x-1=0$$
$$x=\dfrac{-1\pm\sqrt{1^2-4\cdot3\cdot(-1)}}{2\cdot3}$$
$$=\dfrac{-1\pm\sqrt{13}}{6}$$

(3) $2x^2+5x-2=0$
$$x=\dfrac{-5\pm\sqrt{5^2-4\cdot2\cdot(-2)}}{4}$$
$$=\dfrac{-5\pm\sqrt{41}}{4}$$

(4) $3x^2+4x-2=0$
$$x=\dfrac{-2\pm\sqrt{2^2-3\cdot(-2)}}{3}$$
$$=\dfrac{-2\pm\sqrt{10}}{3}$$

別解
$$x=\dfrac{-4\pm\sqrt{4^2-4\cdot3\cdot(-2)}}{2\cdot3}$$
$$=\dfrac{-4\pm\sqrt{40}}{6}$$
$$=\dfrac{-4\pm2\sqrt{10}}{6}=\dfrac{-2\pm\sqrt{10}}{3}$$

16 (1) 実数解をもつのは $D\geqq0$ のとき。
$$3x^2-6x+m^2=0$$
が実数解をもつから判別式 $D\geqq0$ である。
$$D=(-6)^2-4\cdot3\cdot m^2$$
$$=36-12m^2\geqq0$$
$$m^2-3\leqq0$$
よって，$-\sqrt{3}\leqq m\leqq\sqrt{3}$

多い誤り
$m^2\leqq3$
$m\leqq\pm\sqrt{3}$

(2) 重解をもつのは $D=0$ のとき。
$$2x^2-(a-3)x-2a=0$$
が重解をもつから $D=0$ である。
$$D=(a-3)^2-4\cdot2\cdot(-2a)$$
$$=a^2-6a+9+16a$$
$$=a^2+10a+9=0$$
$(a+1)(a+9)=0$ より $a=-1, \quad -9$
$a=-1$ のとき
$$2x^2+4x+2=0$$
$$x^2+2x+1=0$$
$$(x+1)^2=0 \quad より \quad x=-1$$
$a=-9$ のとき
$$2x^2+12x+18=0$$
$$x^2+6x+9=0$$
$$(x+3)^2=0 \quad より \quad x=-3$$
よって，
$a=-1$ のとき重解は $x=-1$
$a=-9$ のとき重解は $x=-3$

(3) 実数解をもたないのは $D<0$ のとき
$$x^2+mx-4m=0$$

が実数解をもたないから $D<0$ である。

$D=m^2-4\cdot1\cdot(-4m)$
$=m(m+16)<0$

よって，$-16<m<0$

17 (1) 共有点をもたないのは判別式 $D<0$

$y=(a-1)x^2+2ax+a-2=0$ として
判別式 D をとると

$D=(2a)^2-4(a-1)(a-2)$
$=4a^2-4(a^2-3a+2)$
$=12a-8$

共有点をもたないのは $D<0$ のときだから

$12a-8<0$

よって，$a<\dfrac{2}{3}$

(2) 接するときは判別式 $D=0$

$y=x^2+mx+m+3=0$ として
判別式 D をとると

$D=m^2-4\cdot1\cdot(m+3)$
$=m^2-4m-12$
$=(m+2)(m-6)$

接するのは $D=0$ のときだから
$(m+2)(m-6)=0$

$m>0$ だから $m=6$

このとき，方程式は
$x^2+6x+9=0$
$(x+3)^2=0$ より $x=-3$

よって，接点の座標は $(-3, 0)$

18 (1) x の係数が負のときに注意して 1 次不等式を解く。

(i) $6x-7\leqq8x-1$
$-2x\leqq6$
よって，$x\geqq-3$

(ii) $\dfrac{5x-3}{4}\geqq3-x$
$5x-3\geqq12-4x$
$9x\geqq15$
よって，$x\geqq\dfrac{5}{3}$

(iii) $\dfrac{-2x+6}{3}>\dfrac{3-x}{4}$
$4(-2x+6)>3(3-x)$
$-8x+24>9-3x$
$-5x>-15$
よって，$x<3$

(2) 数直線上に不等式の解を表して，共通範囲を求める。

(i) $\begin{cases}5x+4>3x+8 &\cdots\cdots① \\ 7x-6\leqq5x+4 &\cdots\cdots②\end{cases}$

①の解は
$2x>4$ より $x>2$ $\cdots\cdots①$

②の解は
$2x\leqq10$ より $x\leqq5$ $\cdots\cdots②$

よって，$2<x\leqq5$

(ii) $\begin{cases}8x-6\leqq2(x+6) &\cdots\cdots① \\ 3x-5>6x-8 &\cdots\cdots②\end{cases}$

①の解は
$8x-6\leqq2x+12$
$6x\leqq18$ より $x\leqq3$ $\cdots\cdots①$

②の解は
$3x-5>6x-8$
$-3x>-3$ より $x<1$ $\cdots\cdots②$

よって，$x<1$

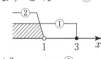

(iii) $\begin{cases}3x+9\geqq5x+2 &\cdots\cdots① \\ -8x-13\leqq7x+14 &\cdots\cdots②\end{cases}$

①の解は
$3x+9\geqq5x+2$
$-2x\geqq-7$ より $x\leqq\dfrac{7}{2}$ $\cdots\cdots①$

②の解は
$-8x-13\leqq7x+14$
$-15x\leqq27$ より $x\geqq-\dfrac{9}{5}$ $\cdots\cdots②$

よって，$-\dfrac{9}{5}\leqq x\leqq\dfrac{7}{2}$

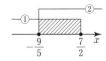

19 (1) (i) 数直線上に不等式の解を表して，整数を求める。

$5x-8<x+1<2x+3$

$5x-8<x+1$ より $x<\dfrac{9}{4}$ ……①

$x+1<2x+3$ より $x>-2$ ……②

これより $-2<x<\dfrac{9}{4}$

よって，整数 x は

$x=-1, 0, 1, 2$

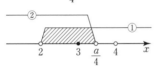

(ii) 不等式の解を数直線上に表して，1個の整数を含むような a の値の範囲を求める。

$-2x+16<6x<2x+a$

$-2x+16<6x$ より

$-8x<-16$, $x>2$ ……①

$6x<2x+a$ より

$4x<a$, $x<\dfrac{a}{4}$ ……②

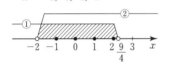

数直線の図より，$x=3$ を含めばよいから $3<\dfrac{a}{4}\leqq4$ であればよい。

よって，$12<a\leqq16$

(2) 連立不等式を解き，数直線上で整数3個を含むように a の値の範囲を求める。

$\begin{cases} 3x-7\geqq5x-8 & ……① \\ 4x+1<7x-a & ……② \end{cases}$

①の解は

$3x-5x\geqq-8+7$

$-2x\geqq-1$ より $x\leqq\dfrac{1}{2}$ ……①

②の解は

$4x-7x<-a-1$

$-3x<-a-1$ より $x>\dfrac{a+1}{3}$ …②

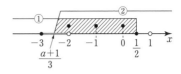

①，②が3個の整数解を含むのは，上図より

$-3\leqq\dfrac{a+1}{3}<-2$ のとき

両辺に3を掛けて

$-9\leqq a+1<-6$

両辺に -1 を加えて

$-10\leqq a<-7$

20 (1) シュークリームの個数を x とすると，プリンは $30-x$ 個買うことになる。

シュークリームを x 個買うとすると，プリンは $30-x$ 個買うことになるから

$120x+80(30-x)+100<3000$

$120x-80x+2500<3000$

$40x<500$ より $x<12.5$

よって，最大 **12 個**買える。

(2) （食塩水の%）

$=\dfrac{含まれる食塩の量}{全体の重さ}\times100$ （%）

(i) 加える食塩の量を x g とすると

全体の重さは $100+x$ （g）

含まれる食塩の量は

$100\times0.12+x=12+x$ （g）だから

$\dfrac{12+x}{100+x}\times100\geqq20$

$100(12+x)\geqq20(100+x)$

$1200+100x\geqq2000+20x$

$80x\geqq800$ より $x\geqq10$

よって，加える食塩の量は **10 g 以上**

(ii) 加える水の量を x g とすると

全体の重さは $100+x$ （g）であり

含まれる食塩の量は，$100\times0.12=12$ （g）だから

$8\leqq\dfrac{12}{100+x}\times100\leqq10$

$800 + 8x \leqq 1200 \leqq 1000 + 10x$

$800 + 8x \leqq 1200$ より $x \leqq 50$

$1200 \leqq 1000 + 10x$ より $20 \leqq x$

よって，$20 \leqq x \leqq 50$ だから加える水の
量は **20 g 以上 50 g 以下**

21 (1) 因数分解するか，不等式を $=0$ とおい
て解を求める。異なる 2 つの解がない
ときは $(\quad)^2 + \alpha$ の形をつくる。

(i) $x(x-4) < 12$

$x^2 - 4x - 12 < 0$

$(x+2)(x-6) < 0$

よって，$-2 < x < 6$

(ii) $-x^2 + 2x + 1 > 0$

$x^2 - 2x - 1 < 0$

$x^2 - 2x - 1 = 0$ の解は

$x = 1 \pm \sqrt{2}$

よって，$1 - \sqrt{2} < x < 1 + \sqrt{2}$

(iii) $x^2 - 4x + 7 > 0$

$(x-2)^2 + 3 > 0$

よって，すべての実数

(iv) $x^2 + 9 < 6x$

$x^2 - 6x + 9 < 0$

$(x-3)^2 < 0$

よって，解はない

(2) 2 次不等式を解いて，数直線上で解を
満たす自然数の個数を数える。

$x^2 - 2x - 32 < 0$ の解は

$x^2 - 2x - 32 = 0$ より

$x = 1 \pm \sqrt{1+32} = 1 \pm \sqrt{33}$

ゆえに，$1 - \sqrt{33} < x < 1 + \sqrt{33}$

$\sqrt{25} < \sqrt{33} < \sqrt{36}$ だから $5 < \sqrt{33} < 6$

$-5 < 1 - \sqrt{33} < -4,\ 6 < 1 + \sqrt{33} < 7$

したがって，数直線で表すと次のよう
になる。

これを満たす自然数は，**1 ～ 6 の 6
(個)**

22 (1) 連立不等式を解いて，共通範囲を数直
線上で求める。

(i) $\begin{cases} x^2 - 2 \leqq -6x & \cdots\cdots ① \\ 3x + 2 > -x - 2 & \cdots\cdots ② \end{cases}$

①の解は

$x^2 + 6x - 2 \leqq 0$

$x^2 + 6x - 2 = 0$ の解は

$x = -3 \pm \sqrt{11}$ より

$-3 - \sqrt{11} < x < -3 + \sqrt{11}$

②の解は

$3x + 2 > -x - 2$ より

$x > -1$ $\cdots\cdots ②$

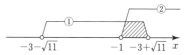

よって，$-1 < x < -3 + \sqrt{11}$

(ii) $\begin{cases} x^2 - x - 30 < 0 & \cdots\cdots ① \\ x^2 - x - 6 > 0 & \cdots\cdots ② \end{cases}$

①の解は

$(x+5)(x-6) < 0$ より

$-5 < x < 6$ $\cdots\cdots ①$

②の解は

$(x+2)(x-3) > 0$ より

$x < -2,\ 3 < x$ $\cdots\cdots ②$

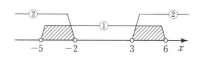

よって，$-5 < x < -2,\ 3 < x < 6$

(2) 2 つの不等式の整数解を実際に求める。

$x^2 + 6x - 8 \leqq 0$ の解は

$x^2 + 6x - 8 = 0$ より

$x = -3 \pm \sqrt{9+8} = -3 \pm \sqrt{17}$

よって，$-3 - \sqrt{17} \leqq x \leqq -3 + \sqrt{17}$

$\cdots\cdots ①$

$\sqrt{16} < \sqrt{17} < \sqrt{25}$ だから

$4 < \sqrt{17} < 5$

$-8 < -3 - \sqrt{17} < -7,$

$1 < -3 + \sqrt{17} < 2$

よって，①を満たす整数は $-7 \sim 1$ の
9（個）

また，$6x^2+7x-5 \geqq 0$ の解は
$(2x-1)(3x+5) \geqq 0$ より

$$x \leqq -\frac{5}{3}, \quad \frac{1}{2} \leqq x \quad \cdots\cdots ②$$

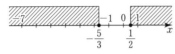

よって，$-7 \sim 1$ までの整数で②を満た
す整数は

$$-7, \ -6, \ -5, \ -4, \ -3, \ -2, \ 1 \ の$$
7（個）

23 (1) x^2 の係数が正だから，判別式 $D \leqq 0$ よ
り求める。

$$x^2-x \geqq mx-1$$
$$x^2-(m+1)x+1 \geqq 0$$

x^2 の係数が 1 で正だから $D \leqq 0$ なら
ばよい。

$$D=(m+1)^2-4$$
$$=m^2+2m-3$$
$$=(m+3)(m-1) \leqq 0$$

よって，$-3 \leqq m \leqq 1$

(2) グラフが下に凸で，x 軸と交わらなけ
ればよい。

$y=kx^2+(k+3)x+k$ のグラフが
下に凸で，x 軸と交わらなければよい
から

$$k>0 \quad \cdots\cdots ① \quad かつ \quad D<0 \quad \cdots\cdots ②$$
$$D=(k+3)^2-4k^2$$
$$=-3k^2+6k+9$$
$$=-3(k+1)(k-3)<0$$
$3(k+1)(k-3)>0$ より
$$k<-1, \ 3<k \quad \cdots\cdots ②$$

よって，①，
②より
$k>3$

24 (1) 判別式 D，グラフの軸の位置，$f(0)$ の
符号を考えて，共通範囲をとる。

$y=f(x)=x^2+2ax+a^2+a-12$ とお
くと $y=f(x)$ のグラフが下のように
なればよい。

(i) $D>0$ である。
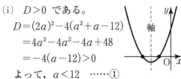
$$D=(2a)^2-4(a^2+a-12)$$
$$=4a^2-4a^2-4a+48$$
$$=-4(a-12)>0$$
よって，$a<12 \quad \cdots\cdots ①$

(ii) 軸 $x=-a$ は $x=0$ より左側にあ
る。
$$-a<0 \ より \ a>0 \quad \cdots\cdots ②$$
$$\begin{pmatrix} 軸の式を求めるのに \\ y=(x+a)^2+a-12 \ と変形する必 \\ 要はない \end{pmatrix}$$

(iii) $f(0)>0$ である。
$$f(0)=a^2+a-12>0$$
$$(a+4)(a-3)>0$$
よって，$a<-4, \ 3<a \quad \cdots\cdots ③$

①，②，③の共通範囲だから
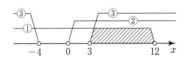

$3<a<12$

(2) $x=1$ のとき y の値が負になれば，1
より大きい解と小さい解をもつ。

$y=f(x)=x^2-ax+a^2-7$ とおくと
グラフが右図のようになればよいから
$x=1$ のとき $f(1)<0$
$$f(1)=1-a+a^2-7$$
$$=a^2-a-6$$
$$=(a+2)(a-3)<0$$

よって，$-2<a<3$

25 (1)

(i)は $|A|=r \iff A=\pm r$
(ii)は $|A|>r \iff A<-r,\ r<A$
(iii)は $|A|\leqq r \iff -r\leqq A\leqq r$

(i) $|2x-1|=\sqrt{2}$

$\qquad 2x-1=\pm\sqrt{2}$

よって，$x=\dfrac{1\pm\sqrt{2}}{2}$

(ii) $|2x-5|>9$

$\qquad 2x-5<-9,\ 9<2x-5$

$\qquad 2x<-4,\ 14<2x$

よって，$x<-2,\ 7<x$

(iii) $|3-2x|\leqq 5$

$\qquad -5\leqq 3-2x\leqq 5$

$-5\leqq 3-2x$ より

$\qquad 2x\leqq 8,\ x\leqq 4 \quad\cdots\cdots①$

$3-2x\leqq 5$ より

$\qquad -2x\leqq 2,\ x\geqq -1 \quad\cdots\cdots②$

よって，①，②より $-1\leqq x\leqq 4$

別解

$|3-2x|\leqq 5$ は $|2x-3|\leqq 5$ と同じだから

$\qquad -5\leqq 2x-3\leqq 5$ ←各辺に 3 を加える

$\qquad -2\leqq 2x\leqq 8$ ←各辺を 2 で割る

よって，$-1\leqq x\leqq 4$

(2) 絶対値記号を定義に従ってはずして考える。

(i) $|4x-3|=x+5$

(I) $4x-3\geqq 0$ すなわち $x\geqq\dfrac{3}{4}$ のとき

$\qquad 4x-3=x+5$

$\qquad 3x=8$ より $x=\dfrac{8}{3}$

これは $x\geqq\dfrac{3}{4}$ を満たす。

(II) $4x-3<0$ すなわち $x<\dfrac{3}{4}$ のとき

$\qquad -(4x-3)=x+5$

$\qquad -5x=2$ より $x=-\dfrac{2}{5}$

これは $x<\dfrac{3}{4}$ を満たす。

$\quad$(I)，(II)より，$x=\dfrac{8}{3},\ -\dfrac{2}{5}$

(ii) $|3x-6|<x+1$

(I) $3x-6\geqq 0$ すなわち $x\geqq 2$ のとき

$\qquad 3x-6<x+1$

$\qquad 2x<7$ より $x<\dfrac{7}{2}$

$x\geqq 2$ のときだから

$\qquad 2\leqq x<\dfrac{7}{2}$

(II) $3x-6<0$ すなわち $x<2$ のとき

$\qquad -(3x-6)<x+1$

$\qquad -4x<-5$ より $x>\dfrac{5}{4}$

$x<2$ のときだから

$\qquad \dfrac{5}{4}<x<2$

(I)，(II)より，$\dfrac{5}{4}<x<\dfrac{7}{2}$

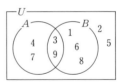

26 (1) ベン図をかいて $A\cap B$ から要素をかき込む。

ベン図に要素をかくと上図のようになる。

よって，$\overline{A}=\{1,\ 2,\ 5,\ 6,\ 8\}$

$\qquad \overline{B}=\{2,\ 4,\ 5,\ 7\}$

$\overline{A}\cap\overline{B}=\overline{A\cup B}=\{2,\ 5\}$

(2) $A\cap B=\{3,\ 4\}$ だから，3 と 4 は A，B 両方の要素である。

a，b は自然数だから

$\qquad a<a+b$ である。

集合 A の要素に 3 と 4 が入っているから

$\qquad a=3,\ a+b=4$ である。

このとき，$b=1$ で $B=\{3,\ 2,\ 4\}$ と

なり適する。

よって，$a=3$，$b=1$

27 A={ 3 の倍数}，B={ 4 の倍数} として 1 から 200 までに含まれる個数から，1 から 99 までに含まれる個数を引く。

$A=\{$ 3 の倍数 $\}$，$B=\{$ 4 の倍数 $\}$ とする。

3 でも 4 で割り切れるのは $A\cap B$ で，

12 の倍数だから

$200\div12=16$ あまり 8

$99\div12=8$ あまり 3

よって，$n(A\cap B)=16-8=\mathbf{8}$（個）

3 の倍数は

$200\div3=66$ あまり 2

$99\div3=33$

よって，$n(A)=66-33=33$（個）

4 の倍数は

$200\div4=50$

$99\div4=24$ あまり 3

よって，$n(B)=50-24=26$（個）

3 でも 4 でも割り切れないのは，

$n(\overline{A}\cap\overline{B})=n(\overline{A\cup B})$

$=n(U)-n(A\cup B)$

ここで，$n(U)=200-99=101$

$n(A\cup B)=n(A)+n(B)-n(A\cap B)$

$=33+26-8=51$

よって，$n(\overline{A}\cap\overline{B})=101-51=\mathbf{50}$（個）

28 「（かつ）と（または）」，「（ある）と（すべて）」，「（少なくとも一方）と（ともに）」が対句になる。

(1) (ア) $a\neq1$ または $b\neq2$

(イ) $x<0$ かつ $y\neq1$

(ウ) ある x について $x^2-1\leqq0$

(エ) m，n はともに偶数

(2) 「p ならば q」の対偶は「$\overline{q}$ ならば $\overline{p}$」

対偶は，

「$x+y\neq0$ ならば $x\neq0$ または $y\neq0$」

この対偶は真

29 $p\rightleftharpoons q$，$p\rightleftharpoons q$，$p\rightleftharpoons q$，$p\rightleftharpoons q$ のいずれにあてはまるか調べる。

(1) 一の位が 5 の倍数 $\rightleftharpoons$ 5 の倍数

反例：一の位が 0 のとき 5 で割り切れる。

よって，**十分条件**

(2) $6x^2-35x+50<0$ の整数解は

$(2x-5)(3x-10)<0$

$\dfrac{5}{2}<x<\dfrac{10}{3}$ より

$x=3$ だけである。

$$
\begin{array}{c|cc}
2 & & -5\cdots-15 \\
3 & & -10\cdots-20 \\
\hline
6 & 50 & -35
\end{array}
$$

よって，

$6x^2-35x+50<0\rightleftharpoons x=3$

（x は整数）

となるから，**必要十分条件**

(3) 四角形の対角線 $\rightleftharpoons$ ひし形 が直交する。

反例：

よって，**必要条件**

(4) $y=x^2-2x-k$ が常に正の値をとる条件は，下に凸のグラフだから $D<0$ ならばよい。

$D=(-2)^2-4\cdot1\cdot(-k)$

$=4(1+k)<0$ より $k<-1$

$y=x^2-2x-k$ が常に正：$k<-1\rightleftharpoons k\leqq-1$

反例：$k=-1$ のとき $x=1$ で $y=0$ となる。

よって，**十分条件**

30 (1) 三角比の定義に従って求める。

$\sin45°=\dfrac{AD}{2}$ より

$AD=2\sin45°=2\times\dfrac{\sqrt{2}}{2}=\sqrt{2}$

$DC=AD=\sqrt{2}$ だから

$BD=2-\sqrt{2}$

よって，$\tan\theta=\dfrac{AD}{BD}=\dfrac{\sqrt{2}}{2-\sqrt{2}}$

$=\dfrac{\sqrt{2}(2+\sqrt{2})}{(2-\sqrt{2})(2+\sqrt{2})}$

$$=\frac{2(\sqrt{2}+1)}{4-2}=\sqrt{2}+1$$

(2) **$\tan 30°$ を CH, AH を使って表す。ただし，図より CH=AH である。**

$\triangle$ACH は $\angle$ACH$=\angle$CAH$=45°$ の直角二等辺三角形だから CH=AH

$$\tan 30°=\frac{AH}{BH}=\frac{AH}{16+CH}=\frac{AH}{16+AH}$$

$$\frac{1}{\sqrt{3}}=\frac{AH}{16+AH}, \quad \sqrt{3}AH=16+AH$$

$$(\sqrt{3}-1)AH=16, \quad AH=\frac{16}{\sqrt{3}-1}$$

$$AH=\frac{16(\sqrt{3}+1)}{(\sqrt{3}-1)(\sqrt{3}+1)}$$

$$=\frac{16(\sqrt{3}+1)}{3-1}$$

よって，AH$=8(\sqrt{3}+1)$

31 単位円をかいて，与えられた角の三角比を求める。

(1) $\sin 135°$ $=\frac{\sqrt{2}}{2}$

$\cos 135°=-\frac{\sqrt{2}}{2}$

$\tan 135°=-1$

(2) $\cos 150°\times\sin 120°\times\tan 135°\div\cos 45°$

$$=-\frac{\sqrt{3}}{2}\times\frac{\sqrt{3}}{2}\times(-1)\div\frac{\sqrt{2}}{2}$$

$$=\frac{3}{4}\times\frac{2}{\sqrt{2}}=\frac{3\sqrt{2}}{4}$$

(3) $\sin 30°+\tan 45°+\cos 60°+\sin 120°+\tan 135°+\cos 150°$

$$=\frac{1}{2}+1+\frac{1}{2}+\frac{\sqrt{3}}{2}-1-\frac{\sqrt{3}}{2}$$

$$=1$$

32 $\sin^2\theta+\cos^2\theta=1$, $\tan\theta=\dfrac{\sin\theta}{\cos\theta}$ を使って残りの三角比の値を求める。θ の範囲に注意して，正負の符号を決める。

(1) $\sin^2\theta+\cos^2\theta=1$ より

$$\cos^2\theta=1-\sin^2\theta=1-\left(\frac{1}{4}\right)^2$$

$$=1-\frac{1}{16}=\frac{15}{16}$$

$0°<\theta<90°$ だから $\cos\theta>0$

よって，$\cos\theta=\sqrt{\dfrac{15}{16}}=\dfrac{\sqrt{15}}{4}$

$$\tan\theta=\frac{\sin\theta}{\cos\theta}=\frac{1}{4}\div\frac{\sqrt{15}}{4}=\frac{1}{\sqrt{15}}$$

$$=\frac{\sqrt{15}}{15}$$

(2) $1+\tan^2\theta=\dfrac{1}{\cos^2\theta}$ より

$$1+(-3)^2=\frac{1}{\cos^2\theta}, \quad \frac{1}{10}=\cos^2\theta$$

$\tan\theta<0$ だから $\cos\theta<0$

よって，$\cos\theta=-\dfrac{1}{\sqrt{10}}=-\dfrac{\sqrt{10}}{10}$

$$\sin\theta=\tan\theta\cdot\cos\theta$$

$$=-3\times\left(-\frac{\sqrt{10}}{10}\right)=\frac{3\sqrt{10}}{10}$$

33 (1) **$\sin\theta+\cos\theta=\dfrac{5}{4}$ の両辺を2乗する。**

$\sin\theta+\cos\theta=\dfrac{5}{4}$ の両辺を2乗して

$$(\sin\theta+\cos\theta)^2=\frac{25}{16}$$

$$\sin^2\theta+2\sin\theta\cos\theta+\cos^2\theta=\frac{25}{16}$$

$$2\sin\theta\cos\theta=\frac{25}{16}-1=\frac{9}{16}$$

よって，$\sin\theta\cos\theta=\dfrac{9}{32}$

(2) $(\sin\theta-\cos\theta)^2$

$$=\sin^2\theta-2\sin\theta\cos\theta+\cos^2\theta$$

$$=1-2\times\frac{9}{32}=1-\frac{9}{16}=\frac{7}{16}$$

(3) **(2)より $\sin\theta-\cos\theta$ の値を求める。$\sin\theta+\cos\theta=\dfrac{5}{4}$ と連立させて $\sin\theta$ を求める。**

$0°<\theta<45°$ より $\sin\theta<\cos\theta$

$\sin\theta-\cos\theta<0$ だから(2)より

15

$$\sin\theta-\cos\theta=-\sqrt{\frac{7}{16}}=-\frac{\sqrt{7}}{4}$$

次の計算より

$$\sin\theta+\cos\theta=\frac{5}{4}$$

$$+)\ \ \underline{\sin\theta-\cos\theta=-\frac{\sqrt{7}}{4}}$$

$$2\sin\theta=\frac{5-\sqrt{7}}{4}$$

よって，$\sin\theta=\dfrac{5-\sqrt{7}}{8}$

34 単位円をかいて適する θ の値や範囲を求める。

(1) $\sin\theta=\dfrac{\sqrt{3}}{2}$ (2) $\cos\theta=-\dfrac{1}{2}$

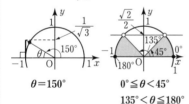

$\theta=60°,\ 120°$ $\qquad$ $\theta=120°$

(3) $\tan\theta=-\dfrac{1}{\sqrt{3}}$ (4) $\sin\theta<\dfrac{\sqrt{2}}{2}$

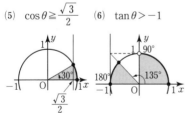

$\theta=150°$ $\qquad$ $0°\leqq\theta<45°$

$\qquad\qquad\qquad$ $135°<\theta\leqq180°$

(5) $\cos\theta\geqq\dfrac{\sqrt{3}}{2}$ (6) $\tan\theta>-1$

$0°\leqq\theta\leqq30°$ $\qquad$ $0°\leqq\theta<90°$

$\qquad\qquad\qquad$ $135°\leqq\theta\leqq180°$

35 $\sin^2\theta=1-\cos^2\theta$ として，$\cos\theta$ に統一する。$\cos\theta=t$ とおいて，t の2次関数で考える。ただし，$0°\leqq\theta\leqq180°$ より $-1\leqq t\leqq1$ である。

$$y=\cos\theta-\sin^2\theta=\cos\theta-(1-\cos^2\theta)$$
$$=\cos^2\theta+\cos\theta-1$$

$\cos\theta=t$ とおくと

$0°\leqq\theta\leqq180°$ だから $-1\leqq t\leqq1$

$$y=\cos^2\theta+\cos\theta-1$$
$$=t^2+t-1\quad(-1\leqq t\leqq1)$$
$$=\left(t+\frac{1}{2}\right)^2-\frac{5}{4}$$

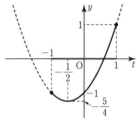

上のグラフより

$t=1$ すなわち $\cos\theta=1$ より

$\theta=0°$ のとき，最大値 **1**

$t=-\dfrac{1}{2}$ すなわち $\cos\theta=-\dfrac{1}{2}$ より

$\theta=120°$ のとき，最小値 $-\dfrac{5}{4}$

36 図をかいて正弦定理をあてはめる。

(1) $A=180°-(B+C)$
$\quad=180°-(45°+105°)$
$\quad=30°$

正弦定理より

$$\frac{\sqrt{2}}{\sin30°}=\frac{\mathrm{AC}}{\sin45°}$$

$$\mathrm{AC}=\frac{\sqrt{2}}{\sin30°}\times\sin45°$$

$$=\sqrt{2}\times\frac{2}{1}\times\frac{\sqrt{2}}{2}=\mathbf{2}$$

(2)

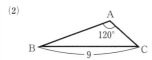

正弦定理より

$$\frac{BC}{\sin 120°} = \frac{AC}{\sin B}$$

$$AC = \frac{BC}{\sin 120°} \times \sin B$$

$$= 9 \times \frac{2}{\sqrt{3}} \times \frac{1}{3}$$

$$= 2\sqrt{3}$$

外接円の半径は

$$\frac{9}{\sin 120°} = 2R \quad より \quad 2R = 9 \div \frac{\sqrt{3}}{2}$$

$$2R = 9 \times \frac{2}{\sqrt{3}} = 6\sqrt{3}$$

よって，$R = 3\sqrt{3}$

(3)

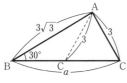

正弦定理より

$$\frac{3}{\sin 30°} = \frac{3\sqrt{3}}{\sin C}$$

$$3\sin C = 3\sqrt{3} \times \sin 30°$$

$$\sin C = \frac{1}{3} \times 3\sqrt{3} \times \frac{1}{2} = \frac{\sqrt{3}}{2}$$

よって，$C = 60°$ または $120°$

$C = 60°$ のとき

$A = 180° - (30° + 60°) = 90°$ だから

$$\cos 60° = \frac{3}{a} \quad より \quad a = 6$$

$C = 120°$ のとき

$A = 180° - (30° + 120°) = 30°$ で，

$AC = BC = 3$ の二等辺三角形になる。

よって，$a = 3$

ゆえに，**$C = 60°$ のとき $a = 6$**

$C = 120°$ のとき $a = 3$

37 図をかいて余弦定理をあてはめる。

(1) $A = 180° - 60° = 120°$ だから

△ABD に余弦定理をあてはめて

$$BD^2 = 6^2 + 4^2 - 2 \cdot 6 \cdot 4 \cdot \cos 120°$$

$$= 36 + 16 - 48 \cdot \left(-\frac{1}{2}\right) = 76$$

$$BD = \sqrt{76} = 2\sqrt{19}$$

(2)

最も小さい角は，最小の辺の対角だから角 A である。

$$\cos A = \frac{2^2 + (1+\sqrt{3})^2 - (\sqrt{2})^2}{2 \cdot 2 \cdot (1+\sqrt{3})}$$

$$= \frac{4 + 4 + 2\sqrt{3} - 2}{4(1+\sqrt{3})}$$

$$= \frac{2(3+\sqrt{3})}{4(1+\sqrt{3})}$$

$$= \frac{\sqrt{3}(\sqrt{3}+1)}{2(\sqrt{3}+1)} = \frac{\sqrt{3}}{2}$$

$0° < A < 180°$ だから $A = 30°$

(3)

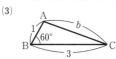

余弦定理より

$$b^2 = 1^2 + 3^2 - 2 \cdot 1 \cdot 3 \cdot \cos 60°$$

$$= 1 + 9 - 6 \cdot \frac{1}{2} = 7$$

よって，$b = \sqrt{7}$

$$\cos C = \frac{3^2 + (\sqrt{7})^2 - 1^2}{2 \cdot 3 \cdot \sqrt{7}}$$

$$= \frac{15}{6\sqrt{7}} = \frac{5}{2\sqrt{7}} = \frac{5\sqrt{7}}{14}$$

38 (1) (i) $S = \frac{1}{2} \cdot 3 \cdot 8 \cdot \sin 60°$

$$= \frac{1}{2} \cdot 3 \cdot 8 \cdot \frac{\sqrt{3}}{2} = 6\sqrt{3}$$

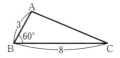

(ii) まず，余弦定理で $\cos B$ を求め，それから $\sin B$ を求めて，面積の公式を適用する。

(ii)

余弦定理より
$$\cos B = \frac{6^2+5^2-3^2}{2\cdot6\cdot5}$$
$$= \frac{36+25-9}{60}$$
$$= \frac{52}{60} = \frac{13}{15}$$
$$\sin B = \sqrt{1-\cos^2 B}$$
$$= \sqrt{1-\left(\frac{13}{15}\right)^2} = \sqrt{\frac{15^2-13^2}{15^2}}$$
$$= \sqrt{\frac{225-169}{15^2}} = \frac{2\sqrt{14}}{15}$$
$$\left(\sqrt{\frac{15^2-13^2}{15^2}} = \sqrt{\frac{(15+13)(15-13)}{15^2}} \right.$$
$$\left. = \frac{\sqrt{28\times2}}{15} \text{ としてもよい。} \right)$$
$$S = \frac{1}{2}\cdot6\cdot5\cdot\frac{2\sqrt{14}}{15} = 2\sqrt{14}$$

(2) (i) △CBD に余弦定理をあてはめて
$$BD^2 = 2^2+4^2-2\cdot2\cdot4\cdot\cos120°$$
$$= 4+16-16\cdot\left(-\frac{1}{2}\right)$$
$$= 28$$
よって，$BD = \sqrt{28} = 2\sqrt{7}$
$$\cos\angle DAB = \frac{4^2+6^2-(2\sqrt{7})^2}{2\cdot4\cdot6}$$
$$= \frac{16+36-28}{48} = \frac{1}{2}$$
$0 < \angle DAB < 180°$ だから
$\angle DAB = 60°$

(ii) △ABD＋△CBD
$$= \frac{1}{2}\cdot4\cdot6\cdot\sin60°+\frac{1}{2}\cdot2\cdot4\cdot\sin120°$$
$$= 12\cdot\frac{\sqrt{3}}{2}+4\cdot\frac{\sqrt{3}}{2} = 8\sqrt{3}$$

39 $S = \frac{1}{2}r(a+b+c)$ より r を求める。

(1) 余弦定理より
$$\cos B = \frac{7^2+8^2-9^2}{2\cdot7\cdot8}$$
$$= \frac{49+64-81}{112}$$
$$= \frac{32}{112} = \frac{2}{7}$$

(2) $\sin B = \sqrt{1-\left(\frac{2}{7}\right)^2} = \sqrt{\frac{7^2-2^2}{7^2}}$
$$= \sqrt{\frac{49-4}{7^2}} = \frac{3\sqrt{5}}{7}$$
$$S = \frac{1}{2}\cdot7\cdot8\cdot\frac{3\sqrt{5}}{7} = 12\sqrt{5}$$

(3) $S = \frac{1}{2}r(a+b+c)$ に代入して
$$12\sqrt{5} = \frac{1}{2}r(8+9+7) \text{ より}$$
$$12r = 12\sqrt{5}$$
よって，$r = \sqrt{5}$

40 (1) 円に内接する四角形の向かい合う内角の和は180°であることを利用する。
(2)，(3) △ABC と △ACD に余弦定理をあてはめて AC の長さを2通りで表す。

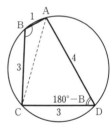

(1) $D = 180°-B$ だから
$$\cos D = \cos(180°-B) = -\cos B$$
よって，$\cos D = -x$

(2) △ABC と △ACD に余弦定理をあてはめると
$$AC^2 = 1^2+3^2-2\cdot1\cdot3\cdot\cos B$$
$$= 1+9-6\cos B = 10-6x \quad \cdots①$$
$$AC^2 = 3^2+4^2-2\cdot3\cdot4\cdot\cos D$$
$$= 9+16-24(-x) = 25+24x$$
$$\cdots\cdots②$$

①＝② より

$$10-6x=25+24x$$

$$30x=-15, \quad x=-\frac{1}{2}$$

よって，$\cos B=-\dfrac{1}{2}$

(3) ①に代入して

$$AC^2=10-6\cdot\left(-\frac{1}{2}\right)=13$$

よって，$AC=\sqrt{13}$

(4) 円 O は △ABC（△ACD）の外接円であるから正弦定理を利用する。

$\cos B=-\dfrac{1}{2}$ より $B=120°$

R は △ABC の外接円の半径だから，

正弦定理より　$\dfrac{AC}{\sin B}=2R$,

$$\frac{\sqrt{13}}{\sin 120°}=2R$$

$$R=\frac{1}{2}\times\frac{\sqrt{13}}{\frac{\sqrt{3}}{2}}=\frac{1}{2}\times\sqrt{13}\times\frac{2}{\sqrt{3}}$$

$$=\frac{\sqrt{39}}{3}$$

(5) 四角形の面積は △ABC と △ACD の面積の和

$$S=\triangle ABC+\triangle ACD$$

$$=\frac{1}{2}\cdot 1\cdot 3\sin 120°+\frac{1}{2}\cdot 4\cdot 3\cdot\sin 60°$$

$$=\frac{3}{2}\times\frac{\sqrt{3}}{2}+6\times\frac{\sqrt{3}}{2}=\frac{15}{4}\sqrt{3}$$

41 (1) △OMC において，OM，CM の長さを求め，△OMC に余弦定理をあてはめる。

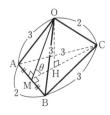

△OAM は直角三角形だから

$OA^2=OM^2+AM^2$ より

$$3^2=OM^2+1^2, \quad OM^2=9-1=8$$

$$OM=\sqrt{8}=2\sqrt{2}$$

△CBM は直角三角形だから

$CB^2=CM^2+BM^2$ より

$$3^2=CM^2+1^2, \quad CM^2=9-1=8$$

$$CM=\sqrt{8}=2\sqrt{2}$$

△OMC に余弦定理をあてはめると

$$\cos\theta=\frac{OM^2+CM^2-OC^2}{2\cdot OM\cdot CM}$$

$$=\frac{(2\sqrt{2})^2+(2\sqrt{2})^2-2^2}{2\cdot 2\sqrt{2}\cdot 2\sqrt{2}}$$

$$=\frac{8+8-4}{16}$$

$$=\frac{3}{4}$$

(2) $\sin^2\theta+\cos^2\theta=1$ を利用して $\sin\theta$ の値を求め，$\sin\theta=\dfrac{OH}{OM}$ より OH を求める。

$\sin\theta>0$ だから

$$\sin\theta=\sqrt{1-\cos^2\theta}=\sqrt{1-\left(\frac{3}{4}\right)^2}$$

$$=\sqrt{\frac{7}{16}}=\frac{\sqrt{7}}{4}$$

$\sin\theta=\dfrac{OH}{OM}$ より　$\dfrac{OH}{2\sqrt{2}}=\dfrac{\sqrt{7}}{4}$

よって，$OH=\dfrac{\sqrt{7}}{4}\cdot 2\sqrt{2}=\dfrac{\sqrt{14}}{2}$

(3) $V=\dfrac{1}{3}(\triangle ABC\ \text{の面積})\times OH$

$$\triangle ABC=\frac{1}{2}AB\cdot CM$$

$$=\frac{1}{2}\cdot 2\cdot 2\sqrt{2}=2\sqrt{2}$$

よって，$V=\dfrac{1}{3}\triangle ABC\cdot OH$

$$=\frac{1}{3}\cdot 2\sqrt{2}\cdot\frac{\sqrt{14}}{2}=\frac{2\sqrt{7}}{3}$$

42 人数と平均点から連立方程式をつくる。

データの数が 20 だから

$3+1+2+x+3+y+4=20$

よって $x+y=7$ ……①

また，平均値が 3.5 だから

$$\frac{1}{20}(0\times3+1\times1+2\times2+3\times x$$
$$+4\times3+5\times y+6\times4)=3.5$$

$1+4+3x+12+5y+24=70$

$3x+5y=29$ ……②

①，②を解くと $3x+5y=29$ ←②

右の計算の $\quad-)\,3x+3y=21$ ←①×3

ように $\qquad\qquad 2y=8$ より $y=4$

$x=3,\ y=4$

このとき，表は次のようになる。

回数	0	1	2	3	4	5	6
人数	3	1	2	3	3	4	4

データの数が 20 だから，中央値は 10 番目と 11 番目の平均値で，10 番目と 11 番目はどちらも 4 回だから

中央値は 4 回，最頻値は 5 回と 6 回

43

(1) 四分位範囲はおよそ

A は $Q_3-Q_1=70-40=30$

B は $Q_3-Q_1=78-35=43$

よって，**B の方が大きい。**

(2) A は Q_1 が 40 点だから 40 点未満は 12 人以下で，B の Q_1 はおよそ 35 点だから 40 点未満は 13 人以上である。

よって，**B の方が多い。**

(3) A は Q_2 が 60 点，Q_3 が 70 点だから 60 点以上 70 点以下の人数は 13 人以上で，B は Q_2 がおよそ 57 点，Q_3 がおよそ 78 点だから 60 点以上 70 点以下の人数は 12 人以下である。

よって，**A の方が多い。**

44

$$\bar{x}=\frac{1}{5}(6+10+4+13+7)$$
$$=\frac{1}{5}\times40=\mathbf{8}$$

$$s^2=\frac{1}{5}\{(6-8)^2+(10-8)^2+(4-8)^2$$
$$+(13-8)^2+(7-8)^2\}$$
$$=\frac{1}{5}(4+4+16+25+1)$$
$$=\frac{1}{5}\times50=\mathbf{10},\ s=\sqrt{\mathbf{10}}$$

45

A の 5 個のデータを $x_1,\ x_2,\ \cdots,\ x_5$ とすると

$$\frac{x_1+x_2+\cdots+x_5}{5}=7\ \text{より}$$

$$x_1+x_2+\cdots+x_5=35\ \text{……①}$$

$$\frac{x_1{}^2+x_2{}^2+\cdots+x_5{}^2}{5}-7^2=3\ \text{より}$$

$$x_1{}^2+x_2{}^2+\cdots+x_5{}^2=260\ \text{……②}$$

B の 10 個のデータを $x_6,\ x_7,\ \cdots,\ x_{15}$ とすると

$$\frac{x_6+x_7+\cdots+x_{15}}{10}=10\ \text{より}$$

$$x_6+x_7+\cdots+x_{15}=100\ \text{……③}$$

$$\frac{x_6{}^2+x_7{}^2+\cdots+x_{15}{}^2}{10}-10^2=6\ \text{より}$$

$$x_6{}^2+x_7{}^2+\cdots+x_{15}{}^2=1060\ \text{……④}$$

A と B を合わせた 15 のデータの平均値は

$$\frac{x_1+x_2+\cdots+x_{15}}{15}$$
$$=\frac{①+③}{15}=\frac{35+100}{15}=\mathbf{9}$$

A と B を合わせた 15 のデータの分散は

$$\frac{x_1{}^2+x_2{}^2+\cdots+x_{15}{}^2}{15}-9^2$$
$$=\frac{②+④}{15}-81$$
$$=\frac{260+1060}{15}-81$$
$$=88-81=\mathbf{7}$$

46

(1) x と y の平均値は

$$\bar{x}=\frac{1}{5}(7+6+9+3+5)=\frac{30}{5}=6$$

$\overline{y}=\dfrac{1}{5}(4+3+6+5+2)=\dfrac{20}{5}=4$

x と y の共分散 s_{xy} は

$$s_{xy}=\dfrac{1}{5}\{(7-6)(4-4)+(6-6)(3-4)$$
$$+(9-6)(6-4)+(3-6)(5-4)$$
$$+(5-6)(2-4)\}$$
$$=\dfrac{1}{5}\{0+0+6+(-3)+2\}=\dfrac{5}{5}=1$$

$x,\ y$ の相関係数 r は $s_x=2,\ s_y=\sqrt{2}$ より

$$r=\dfrac{s_{xy}}{s_x s_y}=\dfrac{1}{2\sqrt{2}}=\dfrac{\sqrt{2}}{4}$$
$$=\dfrac{1.4}{4}=0.35$$

(2) $r=0.35$ だからそれほど強くない正の相関関係があるといえる。

よって，(イ)

47 検証したいこととは反対のことを仮説とする。決まりに従って棄却域を求める。

検証したいことは
「新しいワクチンのほうが効果がある」
かどうかだから
「新しいワクチンのほうが効果があるとはいえない」
と仮説を立てる。
棄却域は平均値から標準偏差の 2 倍以上離れた値になることだから
（棄却域）$=20-2\times4.2=11.6$（人）
これより，棄却域は 11 人以下であるから仮説は棄却されない。
よって，新しいワクチンのほうが効果があるとはいえない。

48 (1) 和が 4，8，12 になる場合をかき出す。

大，小の目の出方を（大，小）とすると
和が 4 になるのは
(1, 3)，(2, 2)，(3, 1) の 3 通り。
和が 8 になるのは
(2, 6)，(3, 5)，(4, 4)，(5, 3)，
(6, 2) の 5 通り。

和が 12 になるのは
(6, 6) の 1 通り。
よって，$3+5+1=9$（通り）

(2) 積の法則で A〜B〜D と A〜C〜D の行き方を求め，和の法則で加える。

A〜B〜D の行き方は
$2\times4=8$（通り）
A〜C〜D の行き方は
$3\times1=3$（通り）
よって，$8+3=11$（通り）

49 (1) リーダーとサブリーダーの役職がある選び方と，単なる代表を選ぶ選び方の違いを考える。

6 人からリーダーとサブリーダーを選ぶ方法は
$_6\mathrm{P}_2=6\cdot5=30$（通り）
6 人から 3 人の代表者を選ぶ方法は
$_6\mathrm{C}_3=\dfrac{6\cdot5\cdot4}{3\cdot2\cdot1}=20$（通り）

(2) (i)は 1 から 9 までの 9 個の自然数から 3 個とり出して並べる。(ii)は 3 個とり出すと，並べ方は小さい順の 1 通りに決まる。

(i) 異なる 9 個の自然数から 3 個をとり出して，1 列に並べればよいから
$_9\mathrm{P}_3=9\cdot8\cdot7=504$（通り）

(ii) 小さい順に並ぶのは，異なる 9 個の自然数から 3 個をとり出すだけで 1 通りに決まる。
$_9\mathrm{C}_3=\dfrac{9\cdot8\cdot7}{3\cdot2\cdot1}=84$（通り）

50 (1) $_n\mathrm{P}_r$ の公式にあてはめる。

異なる 5 文字を 1 列に並べるから
$_5\mathrm{P}_5=5\cdot4\cdot3\cdot2\cdot1=120$（通り）

(2) 両端にくるものを始めに並べる。

K と O が両端にくる
$_2P_2$

残りの3個の並べ方
$_3P_3$

K と O を両端に並べるのは
$$_2P_2=2\cdot1=2\ (\text{通り})$$
残りの3文字を並べるのは
$$_3P_3=3\cdot2\cdot1=6\ (\text{通り})$$
よって，$_2P_2\times_3P_2=2\times6=12\ (\text{通り})$

(3) 全部の並べ方から隣り合う並べ方を引く。隣り合うK と O は1つにしてみる。

K と O が隣り合う場合の並べ方は，K と O を1つと考えて並べる。
(KO)，A，N，G の4文字を並べるのは
$$_4P_4=4\cdot3\cdot2\cdot1=24\ (\text{通り})$$
K と O の入れかえが $_2P_2=2\ (\text{通り})$
したがって，
$$_4P_4\times_2P_2=24\times2=48\ (\text{通り})$$
よって，K と O が隣り合わない並べ方は全部の並べ方から隣り合う並べ方を引いて
$$120-48=72\ (\text{通り})$$

別解 次のように，始めに A，N，G の3文字を並べ，K と O を4ケ所の∧から2ケ所選んで入れればよい。

$_3P_3$

$_4P_2$

A，N，G の並べ方は
$$_3P_3=3\cdot2\cdot1=6\ (\text{通り})$$
K と O の入れ方は
$$_4P_2=4\cdot3=12\ (\text{通り})$$
よって，$_3P_3\times_4P_2=6\times12=72\ (\text{通り})$

51 (1) 隣り合う2人を1つにして固定する。隣り合う2人の入れかえも忘れずに。

隣り合う男性2人を1つにして固定し，残り女性4人を並べればよい。男性2人の入れかえもあるから
$$_4P_4\times_2P_2=4!\times2!$$
$$=4\cdot3\cdot2\cdot1\times2\cdot1=48\ (\text{通り})$$

(2) 始めに先生2人を向かい合わせに固定する。先生2人の入れかえはしないでよい。

始めに先生2人を向かい合わせに固定し，残りの生徒6人を並べればよい。

$$_6P_6=6!=6\cdot5\cdot4\cdot3\cdot2\cdot1$$
$$=720\ (\text{通り})$$

(参考)　先生2人を入れかえるとダブって数えることになってしまいます。
先生2人を Ⓐ，Ⓑ，生徒を①，②，③，④，⑤，⑥として示します。

6!で異なるものとして数えた

Ⓐ と Ⓑ を入れかえる　　同じ並びになる

(3) 始めに5人選んでおき，その5人を円形に並べる。積の法則を使う。

8人から5人を選ぶのは
$$_8C_5=\frac{8\cdot7\cdot6}{3\cdot2\cdot1}=56\ (\text{通り})$$
1人を固定して円形に並べるのは
$$_4P_4=4!=4\cdot3\cdot2\cdot1=24\ (\text{通り})$$
よって，$_8C_5\times_4P_4=56\times24$
$$=1344\ (\text{通り})$$

52 (1) 異なる n 個のものから r 個とる順列。0は最初にこないので注意する。

0，1，3，4，6の5個から4個選んで並べる順列は
$$_5P_4=5\cdot4\cdot3\cdot2=120\ (\text{通り})$$
このうち0が最初にくるのは

$_4P_3=4\cdot3\cdot2=24$ （通り）

よって，$_5P_4-_4P_3=120-24=\textbf{96}$ （個）

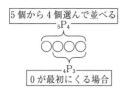

(2) 各位にくる数は何通りあるか考える。
偶数だから一の位は 0, 4, 6 のどれか。

各位にくる数は重複してよいから

1, 3, 4, 6 の 4 通り	0, 1, 3, 4, 6 の 5 通り	0, 1, 3, 4, 6 の 5 通り	0, 4, 6 の 3 通り
千の位	百の位	十の位	一の位

$4\times5\times5\times3=\textbf{300}$ （個）

(3) 千の位が 1 の数は何個あるか数える。
千の位が 3 の数は小さい方から 1 つ 1 つ数える。

千の位が 1 であるものは

0, 1, 3, 4, 6 の 5 通り　　$5\times5\times5=5^3=125$ （個）

千の位が 3 で百の位が 0 であるものは

0, 1, 3, 4, 6 の 5 通り　　$5\times5=25$ （個）

3 1 0 ◯　は 5 通り
0, 1, 3, 4, 6

次が 3110 だから
$125+25+5+1=\textbf{156}$ （番目）

53 **(1)** 同じものを含む順列の公式を使う。

a, b, c, c, d, d の中に c と d が 2 個
ずつあるから

$$\frac{6!}{2!2!}=\frac{6\cdot5\cdot4\cdot3}{2\cdot1}=\textbf{180}$$ （通り）

(2) a, b を同じ□，□として並べ，後で左
から a, b とかき込むと考える。

□，□，c，c，d，d を 1 列に並べると
考えて

$$\frac{6!}{2!2!2!}=\frac{6\cdot5\cdot4\cdot3}{2\cdot1\cdot2\cdot1}=\textbf{90}$$ （通り）

別解 組合せ $_nC_r$ を利用して a, b の位置
を始めにきめてしまう。

6 文字が並ぶ 6 ケ所から，始めに 2 ケ
所選んで，左から a, b と並べるのが
$_6C_2$ 通り。
残った 4 ケ所に c, c, d, d を並べる
のが $\dfrac{4!}{2!2!}$ 通り

よって，$_6C_2\times\dfrac{4!}{2!2!}=\dfrac{6\cdot5}{2\cdot1}\times\dfrac{4\cdot3}{2\cdot1}$

$\hspace{3.5cm}=15\times6$

$\hspace{3.5cm}=\textbf{90}$ （通り）

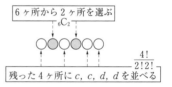

(3) a, b が隣り合う場合の並べ方を求めて
全体の並べ方(1)から引く。

a, b が隣り合う場合は，a, b を 1 つ
とみて ⓐⓑ, c, c, d, d を並べるのが
$$2\times\frac{5!}{2!2!}=2\times\frac{5\cdot4\cdot3}{2\cdot1}=60$$ （通り）
よって，隣り合わないものは
$$180-60=\textbf{120}$$ （通り）

別解 c, c, d, d を並べておいて，後から
a, b を入れる。

c, c, d, d を始めに並べておき

　ⓒ　ⓒ　ⓓ　ⓓ
∧　∧　∧　∧　∧

5 ケ所の ∧ から 2 ケ所選んで a, b を
入れればよい。
c, c, d, d の並べ方は

$$\frac{4!}{2!\,2!}=\frac{4\cdot3}{2\cdot1}=6\ (通り)$$

5ケ所の∧に a, b を入れるのは

$$_5\mathrm{P}_2=5\cdot4=20\ (通り)$$

よって,

$$\frac{4!}{2!\,2!}\times{}_5\mathrm{P}_2=6\times20=\mathbf{120}\ (通り)$$

54 (1) ケーキ5個から2個，アイス3個から1個を選ぶ組合せで，積の法則を使う。

ケーキを5個から2個，アイスクリームを3個から1個を選べばよいから

$$_5\mathrm{C}_2\times{}_3\mathrm{C}_1=\frac{5\cdot4}{2\cdot1}\times3=\mathbf{30}\ (通り)$$

(2) 特定の2個は始めから除いておく。

特定のケーキ2個を始めから除いて（選んでおいて）残りの6個から2個選べばよいから

$$_6\mathrm{C}_2=\frac{6\cdot5}{2\cdot1}=\mathbf{15}\ (通り)$$

(3) 全体の総数から1個も選ばれない場合の数を引く。

全体の8個から3個を選ぶ選び方は

$$_8\mathrm{C}_3=\frac{8\cdot7\cdot6}{3\cdot2\cdot1}=56\ (通り)$$

アイスクリームが1個も選ばれない，すなわちケーキだけ3個選ばれる選び方は

$$_5\mathrm{C}_3=\frac{5\cdot4\cdot3}{3\cdot2\cdot1}=10\ (通り)$$

よって，少なくとも1個のアイスクリームが含まれる選び方は

$$56-10=\mathbf{46}\ (通り)$$

55 (1) 2人，3人，5人のグループは人数が異なるから組の区別がつく。

10人から2人を選ぶのは $_{10}\mathrm{C}_2$ 通り
次に，8人から3人を選ぶのは $_8\mathrm{C}_3$ 通り
残りの5人の組は自動的に決まる。
よって，

$$_{10}\mathrm{C}_2\times{}_8\mathrm{C}_3\times1$$

$$=\frac{10\cdot9}{2\cdot1}\times\frac{8\cdot7\cdot6}{3\cdot2\cdot1}$$

$$=45\times56=\mathbf{2520}\ (通り)$$

(2) 3人，3人の組は，組の区別がつかないから2!で割る。

10人から3人を選ぶのは $_{10}\mathrm{C}_3$ 通り
次に，7人から3人を選ぶのは $_7\mathrm{C}_3$ 通り
残りの4人の組は自動的に決まる。
よって，

$$_{10}\mathrm{C}_3\times{}_7\mathrm{C}_3\times1\div2!$$

$$=\frac{10\cdot9\cdot8}{3\cdot2\cdot1}\times\frac{7\cdot6\cdot5}{3\cdot2\cdot1}\div2$$

$$=120\times35\div2=\mathbf{2100}\ (通り)$$

(3) 2人，2人と3人，3人の組はどちらも組の区別がつかないから2!で2回割る。

10人から2人を選ぶのは $_{10}\mathrm{C}_2$ 通り
次に，8人から2人を選ぶのは
　$_8\mathrm{C}_2$ 通り
次に，6人から3人を選ぶのは
　$_6\mathrm{C}_3$ 通り
残りの3人の組は自動的に決まる。
よって，$_{10}\mathrm{C}_2\times{}_8\mathrm{C}_2\times{}_6\mathrm{C}_3\times1\div2!\div2!$

$$=\frac{10\cdot9}{2\cdot1}\times\frac{8\cdot7}{2\cdot1}\times\frac{6\cdot5\cdot4}{3\cdot2\cdot1}\div4$$

$$=45\times28\times20\div4=\mathbf{6300}\ (通り)$$

56 (1) 12個の頂点から3点を選ぶと三角形が1つできる。2点を選ぶと対角線（辺を含む）が1本できる。

(ｉ) 12個の頂点から3点選んで

$$_{12}\mathrm{C}_3=\frac{12\cdot11\cdot10}{3\cdot2\cdot1}=\mathbf{220}\ (個)$$

(ⅱ) 12個の頂点から2点選んで

$$_{12}\mathrm{C}_2=\frac{12\cdot11}{2\cdot1}=66\ (本)$$

辺は除くから　$66-12=\mathbf{54}\ (本)$

(2) Xを通る経路をA，Yを通る経路をBとするとXまたはYを通るのは $n(A\cup B)=n(A)+n(B)-n(A\cap B)$

SからQにいく経路は，右に5区画，上に4区画行けばよいから

$$\frac{9!}{5!\,4!}=\frac{9\cdot8\cdot7\cdot6}{4\cdot3\cdot2\cdot1}=126\ (通り)$$

$$\left({}_9C_5={}_9C_4=\frac{9\cdot8\cdot7\cdot6}{4\cdot3\cdot2\cdot1}=126\ でもよい\right)$$

S～X までの経路は $\dfrac{3!}{2!}=3$（通り）

X～Y までの経路は 2（通り）

Y～Q までの経路は

$$\frac{4!}{2!\,2!}=\frac{4\cdot3}{2\cdot1}=6\ (通り)$$

よって，S～X～Y～Q の経路は

$$3\times2\times6=36\ (通り)$$

$A=\{X$ を通る経路$\}$，

$B=\{Y$ を通る経路$\}$ とすると

S～X～Q の経路 $n(A)$ は

$$\frac{3!}{2!}\times\frac{6!}{3!\,3!}=3\times\frac{6\cdot5\cdot4}{3\cdot2\cdot1}$$

$$=3\times20=60\ (通り)$$

よって，$n(A)=60$

S～Y～Q の経路 $n(B)$ は

$$\frac{5!}{3!\,2!}\times\frac{4!}{2!\,2!}=\frac{5\cdot4}{2\cdot1}\times\frac{4\cdot3}{2\cdot1}$$

$$=10\times6=60\ (通り)$$

よって，$n(B)=60$

X または Y を通る経路 $n(A\cup B)$ は

$n(A\cap B)=36$ だから

$$n(A\cup B)=n(A)+n(B)-n(A\cap B)$$
$$=60+60-36=84\ (通り)$$

57 判別式 D をとり，(1)は $D=0$，(2)は $D>0$ となる $(a,\ b)$ の組を数え上げる。

(1) $x^2-2ax+b=0$ の判別式は

$$D=(-2a)^2-4b=4(a^2-b)$$

重解をもつのは $D=0$ すなわち

a^2-b のときで，これを満たすのは

$(a,\ b)=(1,\ 1),\ (2,\ 4)$ の 2 通り

よって，重解になる確率は $\dfrac{2}{36}=\dfrac{1}{18}$

(2) 異なる 2 つの実数解をもつのは

$D>0$

すなわち $a^2>b$ のときで，これを満たす $(a,\ b)$ の組は

$(a,\ b)=(2,\ 1),\ (2,\ 2),\ (2,\ 3),$

$(3,\ \bigcirc),\ (4,\ \bigcirc),\ (5,\ \bigcirc),\ (6,\ \bigcirc)$

$\bigcirc$ には 1 から 6 までの数がある。

これより $3+4\times6=27$（通り）

よって，異なる 2 つの実数解をもつ確率は

$$\frac{27}{36}=\frac{3}{4}$$

58 大，小のさいころの目の和の組合せを数え上げる。(1)と(2)は排反である。

大小のさいころの目を（大，小）で表すと

(1) 和が 5 になるのは

$(1,\ 4),\ (2,\ 3),\ (3,\ 2),\ (4,\ 1)$

和が 10 になるのは

$(4,\ 6),\ (5,\ 5),\ (6,\ 4)$

よって，$P(A)=\dfrac{7}{36}$

(2) 和が 6 になるのは

$(1,\ 5),\ (2,\ 4),\ (3,\ 3),\ (4,\ 2),$

$(5,\ 1)$

和が 12 になるのは $(6,\ 6)$

よって，$P(B)=\dfrac{6}{36}=\dfrac{1}{6}$

(3) A と B は排反であるから

$$P(A\cup B)=P(A)+P(B)$$
$$=\frac{7}{36}+\frac{6}{36}=\frac{13}{36}$$

59 3 の倍数，4 の倍数，3 かつ 4 の倍数である 12 の倍数の個数を求める。

3 の倍数である事象を A

4 の倍数である事象を B とする。

(1) $100\div3=33$ あまり 1 より

$n(A)=33$

よって，$P(A)=\dfrac{33}{100}$

(2) $100\div4=25$ より $n(B)=25$

よって，$P(B)=\dfrac{25}{100}=\dfrac{1}{4}$

(3) 3 かつ 4 の倍数は 12 の倍数で

$100\div12=8$ あまり 4 より

$n(A\cap B)=8$

したがって，$P(A\cap B)=\dfrac{8}{100}$

3 または 4 の倍数である確率は
$$P(A \cup B)$$
$$= P(A) + P(B) - P(A \cap B)$$
$$= \frac{33}{100} + \frac{25}{100} - \frac{8}{100} = \frac{50}{100} = \frac{1}{2}$$

別解

確率の加法定理を使わずに，次のように求めてもよい。
$$n(A \cup B) = n(A) + n(B) - n(A \cap B)$$
$$= 33 + 25 - 8 = 50$$

よって，$P(A \cup B) = \dfrac{50}{100} = \dfrac{1}{2}$

60 (1) 両端にくるカードを始めに並べる。

7 枚のカードの並べ方は $_7\mathrm{P}_7$（通り）
両端が奇数であるものは

1, 3, 5, 7 から 2 枚選んで並べる
$_4\mathrm{P}_2$
◯◯◯◯◯◯◯
$_5\mathrm{P}_5$
残りの 5 枚の並べ方

これより　$_4\mathrm{P}_2 \times _5\mathrm{P}_5$（通り）
よって，
$$\frac{_4\mathrm{P}_2 \times _5\mathrm{P}_5}{_7\mathrm{P}_7} = \frac{4 \cdot 3 \times 5 \cdot 4 \cdot 3 \cdot 2 \cdot 1}{7 \cdot 6 \cdot 5 \cdot 4 \cdot 3 \cdot 2 \cdot 1} = \frac{2}{7}$$

(2) 隣り合う 1 と 2 を 1 つにまとめて並べる。

1 と 2 を 1 つにまとめて考えると
$_6\mathrm{P}_6$
(1, 2) 3, 4, 5, 6, 7
$_2\mathrm{P}_2$

これより　$_2\mathrm{P}_2 \times _6\mathrm{P}_6$（通り）
よって，
$$\frac{_2\mathrm{P}_2 \times _6\mathrm{P}_6}{_7\mathrm{P}_7} = \frac{2 \cdot 1 \times 6 \cdot 5 \cdot 4 \cdot 3 \cdot 2 \cdot 1}{7 \cdot 6 \cdot 5 \cdot 4 \cdot 3 \cdot 2 \cdot 1} = \frac{2}{7}$$

(3) 奇数と偶数を別々に並べる。

奇数と偶数が交互に並ぶのは次のように並ぶとき

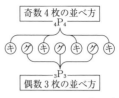
奇数 4 枚の並べ方
$_4\mathrm{P}_4$
キ グ キ グ キ グ キ
$_3\mathrm{P}_3$
偶数 3 枚の並べ方

これより　$_4\mathrm{P}_4 \times _3\mathrm{P}_3$（通り）
よって，
$$\frac{_4\mathrm{P}_4 \times _3\mathrm{P}_3}{_7\mathrm{P}_7} = \frac{4 \cdot 3 \cdot 2 \cdot 1 \times 3 \cdot 2 \cdot 1}{7 \cdot 6 \cdot 5 \cdot 4 \cdot 3 \cdot 2 \cdot 1} = \frac{1}{35}$$

(4) 始めに奇数を並べ，後から偶数を前後，間に差し込む。

偶数が隣り合わないのは，次の図のように 4 枚の奇数を並べておき，5 ケ所の∧に 2，4，6 の偶数を入れればよい。

$_4\mathrm{P}_4$
キ キ キ キ
∧ ∧ ∧ ∧ ∧

これより　$_4\mathrm{P}_4 \times _5\mathrm{P}_3$（通り）
よって，
$$\frac{_4\mathrm{P}_4 \times _5\mathrm{P}_3}{_7\mathrm{P}_7} = \frac{4 \cdot 3 \cdot 2 \cdot 1 \times 5 \cdot 4 \cdot 3}{7 \cdot 6 \cdot 5 \cdot 4 \cdot 3 \cdot 2 \cdot 1} = \frac{2}{7}$$

61 (1) ボールの色の出方は（3 個とも異なる），（2 色），（3 個がすべて同じ色）のいずれかである。

合わせて 9 個のボールから 3 個とり出すのは
$$_9\mathrm{C}_3 = \frac{9 \cdot 8 \cdot 7}{3 \cdot 2 \cdot 1} = 84 \text{（通り）}$$

すべて異なる色をとり出すのは
$$_4\mathrm{C}_1 \times _3\mathrm{C}_1 \times _2\mathrm{C}_1 = 4 \times 3 \times 2 = 24 \text{（通り）}$$

よって，$\dfrac{24}{84} = \dfrac{2}{7}$

2 色である場合は，3 個とも異なる事象と 3 個とも同じ色である事象の余事象である。

3 個とも同じ色をとり出すのは，白 4 個から 3 個または，黒 3 個から 3 個とり出す場合だから
$$_4\mathrm{C}_3 + _3\mathrm{C}_3 = 4 + 1 = 5 \text{（通り）}$$

3個とも同じ色である確率は

$$\frac{{}_4\mathrm{C}_3+{}_3\mathrm{C}_3}{{}_9\mathrm{C}_3}=\frac{4+1}{84}=\frac{5}{84}$$

よって，求める確率は

$$1-\left(\frac{24}{84}+\frac{5}{84}\right)=\frac{55}{84}$$

別解 余事象を使わないで求める場合

2色であるのは

(i) 白2個と黒または赤1個のとき

$${}_4\mathrm{C}_2\times{}_5\mathrm{C}_1=\frac{4\cdot3}{2\cdot1}\times5=6\times5=30（通り）$$

(ii) 黒2個と白または赤1個のとき

$${}_3\mathrm{C}_2\times{}_6\mathrm{C}_1=\frac{3\cdot2}{2\cdot1}\times6=3\times6=18（通り）$$

(iii) 赤2個と白または黒1個のとき

$${}_2\mathrm{C}_2\times{}_7\mathrm{C}_1=1\times7=7（通り）$$

よって，求める確率は

$$\frac{30+18+7}{84}=\frac{55}{84}$$

(2) **3から17までの中の素数は 3, 5, 7, 11, 13, 17**

9枚のカードから2枚とり出すのは

$${}_9\mathrm{C}_2=\frac{9\cdot8}{2\cdot1}=36（通り）$$

和が素数になるのは次の14通り

3 …(1, 2),

5 …(1, 4), (2, 3),

7 …(1, 6), (2, 5), (3, 4)

11…(2, 9), (3, 8), (4, 7), (5, 6)

13…(4, 9), (5, 8), (6, 7),

17…(8, 9)

よって，$\dfrac{14}{36}=\dfrac{7}{18}$

62 (1) **選んだ3枚の中に少なくとも1枚3以下の札が含まれている事象。**

最小の番号が3以下である事象は，3枚の中に少なくとも1枚3以下の札があることだから，3枚とも4以上の札が選ばれる事象の余事象になる。

1から10までの番号札から3枚選ぶのは

$${}_{10}\mathrm{C}_3=\frac{10\cdot9\cdot8}{3\cdot2\cdot1}=120（通り）$$

4から10までの番号札から3枚選ぶのは

$${}_7\mathrm{C}_3=\frac{7\cdot6\cdot5}{3\cdot2\cdot1}=35（通り）$$

3枚とも4以上である確率は

$$\frac{35}{120}=\frac{7}{24}$$

これの余事象の確率だから

$$1-\frac{7}{24}=\frac{17}{24}$$

(2) **すべてB組から選ばれる事象の余事象**

すべてB組から3人選ばれる確率は

$$\frac{{}_5\mathrm{C}_3}{{}_9\mathrm{C}_3}=\frac{10}{84}=\frac{5}{42}$$

少なくともA組から1人は選ばれるのはすべてB組から3人選ばれる事象の余事象だから，余事象の確率より

$$1-\frac{5}{42}=\frac{37}{42}$$

63 (1) **その回ごとの確率を掛ける。**

4以下の目が出るのは $\dfrac{4}{6}$

4以上の目が出るのは $\dfrac{3}{6}$

よって，$\dfrac{4}{6}\times\dfrac{3}{6}=\dfrac{1}{3}$

(2) **(ii) 異なる3色の球の出方は3!通りある。**

(i) 赤球，青球，白球がとり出される確率はそれぞれ $\dfrac{1}{6}$, $\dfrac{2}{6}$, $\dfrac{3}{6}$ だから3回とも同じ色である確率は

$$\left(\frac{1}{6}\right)^3+\left(\frac{2}{6}\right)^3+\left(\frac{3}{6}\right)^3$$

$$=\frac{1+8+27}{216}=\frac{36}{216}=\frac{1}{6}$$

(ii) すべて異なる確率は，赤球，青球，白球が1回ずつ出て，その出方は3!通りあるから

$$3!\times\frac{1}{6}\times\frac{2}{6}\times\frac{3}{6}=\frac{6\times6}{6^3}=\frac{1}{6}$$

28

64 (1) **6 の目が 1 個も出ない事象の余事象**

6 の目が 1 個も出ない確率は，3 個とも 1 ～ 5 の目が出る確率だから
$$\left(\frac{5}{6}\right)^3$$

少なくとも 1 個は 6 の目が出る確率は
$$1-\left(\frac{5}{6}\right)^3=\frac{91}{216}$$

(2) 3 回とも 1 ～ 4 の目が出る確率から 3 回とも 1 ～ 3 の目が出る確率を引けばよい。
$$\left(\frac{4}{6}\right)^3-\left(\frac{3}{6}\right)^3=\frac{37}{216}$$

(3) 3 回とも 2 ～ 6 の目が出る確率から 3 回とも 3 ～ 6 の目が出る確率を引けばよい。
$$\left(\frac{5}{6}\right)^3-\left(\frac{4}{6}\right)^3=\frac{61}{216}$$

65 (1) **反復試行の確率の公式にあてはめる。**

(i) 1 回の試行で表が出る確率は $\frac{1}{2}$，裏が出る確率も $\frac{1}{2}$

よって，${}_5C_3\left(\frac{1}{2}\right)^3\left(\frac{1}{2}\right)^2=\frac{5\cdot4\cdot3}{3\cdot2\cdot1}\cdot\frac{1}{2^5}$
$$=\frac{10}{32}=\frac{5}{16}$$

(ii) 5 回投げて 1 回も表が出ない確率は
$$\left(\frac{1}{2}\right)^5=\frac{1}{32}$$

よって，少なくとも 1 回表が出る確率は
$$1-\frac{1}{32}=\frac{31}{32}$$

(2) **6 回終わったとき，3 勝 3 敗で 7 回目にどちらかが勝って優勝者が決まる。**

6 回終わったとき，3 勝 3 敗になっていれば，7 回目で優勝者が決まる。

よって，${}_6C_3\left(\frac{1}{3}\right)^3\left(\frac{2}{3}\right)^3$
$$=\frac{6\cdot5\cdot4}{3\cdot2\cdot1}\cdot\frac{2^3}{3^6}=20\cdot\frac{8}{729}=\frac{160}{729}$$

66 **1 回目が赤球がとり出された後の袋の中は赤球 2 個と白球 5 個**

(1) 1 回目が赤球である事象を A
2 回目が白球である事象を B
とする。

1 回目 赤球	2 回目 何色でもよい

$$n(A)=3\times7=21$$
$$n(A\cap B)=3\times5=15$$

よって，$P_A(B)=\dfrac{n(A\cap B)}{n(A)}=\dfrac{15}{21}=\dfrac{5}{7}$

(2) 2 回目が白球である $n(B)$ は，次の (i)，(ii) である。

(i) 1 回目は赤球で 2 回目が白球なのは
$$n(A\cap B)=3\times5=15 \quad (通り)$$

(ii) 1 回目は白球で 2 回目も白球なのは
$$n(\overline{A}\cap B)=5\times4=20 \quad (通り)$$

よって，$P_B(A)=\dfrac{n(A\cap B)}{n(B)}=\dfrac{15}{15+20}$
$$=\frac{3}{7}$$

別解

1 回目は赤球で，2 回目が白球である確率は
$$P(A)\cdot P_A(B)=\frac{3}{8}\times\frac{5}{7}=\frac{15}{56}$$

1 回目は白球で，2 回目も白球である確率は
$$P(\overline{A})\cdot P_{\overline{A}}(B)=\frac{5}{8}\times\frac{4}{7}=\frac{20}{56}$$

よって，2 回目が白球であったとき，1 回目は赤球である確率は
$$\frac{\dfrac{15}{56}}{\dfrac{15}{56}+\dfrac{20}{56}}=\frac{15}{35}=\frac{3}{7}$$

67 **変数 X と確率の対応を調べる。**

(1) くじは全部で 100 本あり，賞金と当たる確率は，次の表のようになる。

X 円	1000	500	200	0	計
P	$\frac{10}{100}$	$\frac{20}{100}$	$\frac{30}{100}$	$\frac{40}{100}$	1

よって，期待値は

$$1000 \times \frac{10}{100} + 500 \times \frac{20}{100} + 200 \times \frac{30}{100}$$

$$= \frac{1}{100}(10000 + 10000 + 6000)$$

$$= 260 \ (\text{円})$$

(2) 硬貨を 5 枚投げたとき，表の出る枚数を X とすると

$X = 0$ のとき　$\left(\frac{1}{2}\right)^5 = \frac{1}{32}$

$X = 1$ のとき　${}_5C_1\left(\frac{1}{2}\right)^1\left(\frac{1}{2}\right)^4 = \frac{5}{32}$

$X = 2$ のとき　${}_5C_2\left(\frac{1}{2}\right)^2\left(\frac{1}{2}\right)^3 = \frac{10}{32}$

$X = 3$ のとき　${}_5C_3\left(\frac{1}{2}\right)^3\left(\frac{1}{2}\right)^2 = \frac{10}{32}$

$X = 4$ のとき　${}_5C_4\left(\frac{1}{2}\right)^4\left(\frac{1}{2}\right) = \frac{5}{32}$

$X = 5$ のとき　$\left(\frac{1}{2}\right)^5 = \frac{1}{32}$

変数 X と確率は，次のようになる。

X	0	1	2	3	4	5	計
P	$\frac{1}{32}$	$\frac{5}{32}$	$\frac{10}{32}$	$\frac{10}{32}$	$\frac{5}{32}$	$\frac{1}{32}$	1

表の出る枚数の期待値は

$$0 \times \frac{1}{32} + 1 \times \frac{5}{32} + 2 \times \frac{10}{32} + 3 \times \frac{10}{32}$$

$$+ 4 \times \frac{5}{32} + 5 \times \frac{1}{32}$$

$$= \frac{1}{32}(5 + 20 + 30 + 20 + 5)$$

$$= \frac{5}{2}$$

よって，期待金額は

$$\frac{5}{2} \times 500 = 1250 \ \text{円}$$

68 接弦定理，円に内接する四角形の性質を使う。

(1) $x = \angle \text{ACB} = \mathbf{107°}$

　　$\angle \text{TBC} + 72° = 107°$

　　$\angle \text{TBC} = 35°$

　　よって，$y = \angle \text{TBC} = \mathbf{35°}$

(2) $\angle \text{COD} = 2\angle \text{CAD} = 2 \times 50° = 100°$

　　$\triangle \text{OCD}$ は 2 辺等三角形だから

　　$x + x + 100° = 180°$

よって，$x = \mathbf{40°}$

　　$\triangle \text{ADC}$ の内角は

　　$50° + 70° + \angle \text{ADC} = 180°$

　　$\angle \text{ADC} = 60°$

　　$y + \angle \text{ADC} = y + 60° = 180°$

　　よって，$y = \mathbf{120°}$

(3) $\angle \text{DCT} = \angle \text{CBD} = 60°$（接弦定理）

　　$\angle \text{BCD} = 180° - (50° + 60°) = 70°$

　　$x + 70° = 180°$　より

　　$x = \mathbf{110°}$

(4) $\angle \text{CBD} + \angle \text{ACB} = 55°$

　　$35° + \angle \text{ACB} = 55°$

　　　　　　$\angle \text{ACB} = 20°$

　　よって，$x = \angle \text{ACB} = \mathbf{20°}$

　　$\angle \text{BCT} = \angle \text{BDC} = 65°$（接弦定理）

　　$y = 180° - (55° + 65°) = \mathbf{60°}$

69 I は各頂角の 2 等分線の交点
O は各辺の垂直 2 等分線の交点

(1) I は各頂角の 2 等分線だから

　　$\angle \text{ACB} = 25° \times 2 = 50°$

　　$\angle \text{ABC} = 180° - (50° + 50°) = 80°$

　　$x = 180° - (\angle \text{IBC} + \angle \text{ICB})$

　　　$= 180° - (40° + 25°) = \mathbf{115°}$

(2) O が外心だから

　　$\triangle \text{OAB}$，$\triangle \text{OBC}$，$\triangle \text{OCA}$ はすべて

　　$\text{OA} = \text{OB} = \text{OC}$ の二等辺三角形。

　　$\angle \text{OAB} = \angle \text{OBA} = 20°$

　　$\angle \text{OCA} = \angle \text{OAC} = y$

　　$\angle \text{OBC} = \angle \text{OCB} = 30°$

　　$x = \angle \text{OBA} + \angle \text{OBC}$ だから

　　$x = 20° + 30° = \mathbf{50°}$

　　$A + B + C = 180°$ だから

　　$2y + 2 \times 20° + 2 \times 30° = 180°$

　　$2y = 80°$

　　よって，$y = \mathbf{40°}$

70 角の 2 等分線と対辺の比の利用

(1) AD が $\angle$A の 2 等分線だから

　　$\text{AB} : \text{AC} = \text{BD} : \text{DC} = 4 : 5$

　　よって，$\text{CD} = 6 \times \frac{5}{4+5} = \frac{\mathbf{10}}{\mathbf{3}}$

(2) CD が ∠C の 2 等分線だから
$$CA:CB=AD:DB=6:10=3:5$$
よって，$AD=7×\dfrac{3}{3+5}=\dfrac{21}{8}$

(3) AD は ∠A の 2 等分線だから
$$AB:AC=BD:DC=8:4=2:1$$
$$BD=7×\dfrac{2}{2+1}=\dfrac{14}{3}$$

BI は ∠B の 2 等分線だから
BA : BD
=AI : ID
$=8:\dfrac{14}{3}$
$=24:14=\mathbf{12:7}$

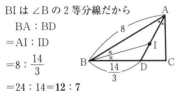

71 方べきの定理を利用する。

(1) 方べきの定理より
$$PA·PB=PC·PD$$
$$8(8+10)=9(9+x)$$
$$144=81+9x$$
$$9x=63 \quad よって，x=\mathbf{7}$$

(2) 方べきの定理より
$$PA·PB=PC·PD$$
$$x·3=6·4$$
よって，$x=\mathbf{8}$

(3) 方べきの定理より
$$PA·PB=PT^2$$
$$9·(9+7)=x^2$$
$$x^2=9×16=144$$
よって，$x=\mathbf{12}$

72 (1) 接線の長さが等しいことを利用する。

図のような辺の関係になるから
$$(9-x)+(8-x)=7 \quad より$$
$$17-2x=7,\ 2x=10$$
よって，$x=\mathbf{5}$

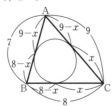

(2) 三平方の定理を使って求める。

図のように直
角三角形
ABC をつく
ると
三平方の定理より
$$AB^2=AC^2+BC^2$$
$$15^2=12^2+x^2$$
$$x^2=225-144=81$$
よって，$x=\mathbf{9}$

(3) 2 円が外接するときと，内接するとき
の d の値を求める。

2 円が外接するときと内接するときは，
次の図のようになる。

$d=12$ のとき外接　$d=2$ のとき内接。
よって，2 円が交わるのは
$$\mathbf{2<d<12}$$

73 (1) 90 と 150 を素因数に分解する。

$$90=2×3^2×5,\ 150=2×3×5^2$$
最大公約数は $2×3×5=\mathbf{30}$
最小公倍数は $2×3^2×5^2=\mathbf{450}$

(2) 約数の個数，総和の公式を使う。

$180=2^2×3^2×5$ より
約数の個数は
$$(2+1)(2+1)(1+1)=3×3×2=\mathbf{18}(個)$$
約数の総和は
$$(1+2+2^2)(1+3+3^2)(1+5)$$
$$=7×13×6=\mathbf{546}$$

(3) 30 と 180 を素因数分解し，n と 30 の最
小公倍数が 180 になるように n の素因
数分解の形を考える。

$$30=2×3×5,\ 180=2^2×3^2×5$$
n と 30 の最小公倍数が $2^2×3^2×5$ と
なるのは

$n=2^2\times3^2\times5^{\Box\to0\,\text{か}\,1}$ のとき

$2^2\times3^2\times5^0=36$, $2^2\times3^2\times5^1=180$

よって，$n=\mathbf{36}$ または $\mathbf{180}$

(4) $\sqrt{a^2b^2\cdots}$ の形になると $\sqrt{}$ がはずれる。

$$\sqrt{\dfrac{24n}{5}}=\sqrt{\dfrac{2^3\times3\times n}{5}}$$

$n=2\times3\times5$ のとき

$$\sqrt{\dfrac{2^3\times3\times2\times3\times5}{5}}$$

$$=\sqrt{2^4\times3^2}=2^2\times3=12$$

よって，$n=\mathbf{30}$

(5) 約数を 6 個もつ自然数は a^5 か ab^2 の形に素因数分解できる数。

約数を 6 個もつ自然数は a^5 の形か $a\times b^2$ の形に素因数分解される。

$2^5=32$, $3\times2^2=12$

よって，この形の数で最小なものは **12**

74 $A=15a$, $B=15b$ （a, b は互いに素）と表す。

$A=15a$, $B=15b$ （a, b は互いに素で，$a<b$）と表すと，和が 90 だから

$A+B=15a+15b=90$ より

$a+b=6$

a, b は互いに素で $a<b$ だから

$a=1$, $b=5$

よって，$A=\mathbf{15}$, $B=\mathbf{75}$

75 互除法の手順に従って計算する。

(1) (ｲ)
```
          2     8     1
     7)14  )119  )133
        14    112   119
        ─     ─     ─
         0     7    14
```

この計算より

$133=119\times1+14$

$119=14\times8+7$

$14=7\times2+0$

よって，最大公約数は **7**

(ⅱ)
```
          2     2     1     3     1
     17)34  )85  )119  )442  )561
        34    68    85   357   442
        ─     ─     ─     ─     ─
         0    17    34    85   119
```

この計算より

$561=442\times1+119$

$442=119\times3+85$

$119=85\times1+34$

$85=34\times2+17$

$34=17\times2+0$

よって，最大公約数は **17**

(2) (ｉ) $17=15\times1+2$

$\to\ 2=17-15\times1$ ……①

$15=2\times7+1$

$\to\ 1=15-2\times7$ ……②

②に①を代入して

$1=15-(17-15\times1)\times7$

$=15\times8-17\times7$

$17\times(-7)+15\times8=1$

よって，x, y の組の 1 つは

$x=\mathbf{-7}$, $y=\mathbf{8}$

(ⅱ) $51=19\times2+13\ \to\ 13=51-19\times2$

……①

$19=13\times1+6\ \to\ 6=19-13\times1$

……②

$13=6\times2+1\ \to\ 1=13-6\times2$……③

③に②，①を代入する。

②を代入して

$1=13-(19-13\times1)\times2$

$=13-19\times2+13\times2$

$=13\times3-19\times2$

①を代入して

$1=(51-19\times2)\times3-19\times2$

$=51\times3-19\times6-19\times2$

$=51\times3-19\times8$

$51\times3-19\times8=1$

よって，x, y の組の 1 つは

$x=\mathbf{3}$, $y=\mathbf{8}$

76 (1) $ax+by=1$ を満たす整数解を 1 つ見つけて，不定方程式の解の求め方に従って求める。

（i）$7x+5y=1$ ……①とおくと

①の1つの解は $x=-2$, $y=3$ だから

$7\cdot(-2)+5\cdot3=1$ ……②

①－②より

$7(x+2)+5(y-3)=0$

$7(x+2)=5(3-y)$

5と7は互いに素であるから k を整数として

$x+2=5k$, $3-y=7k$ と表せる。

よって，

$\boldsymbol{x=5k-2}$, $\boldsymbol{y=-7k+3}$ （k は整数）

（ii）$31x+9y=1$ ……①とおくと

$31=9\times3+4 \ \rightarrow \ 4=31-9\times3$ ……㋐

$9=4\times2+1 \ \rightarrow \ 1=9-4\times2$ ……㋑

㋑に㋐を代入して

$1=9-(31-9\times3)\times2$

$=9-31\times2+9\times6$

$=9\times7-31\times2$

$31\times(-2)+9\times7=1$ ……②

①－②より

$31(x+2)+9(y-7)=0$

$31(x+2)=9(7-y)$

9と31は互いに素であるから k を整数として

$x+2=9k$, $7-y=31k$ と表せる。

よって，

$\boldsymbol{x=9k-2}$, $\boldsymbol{y=-31k+7}$ （k は整数）

（2）自然数 $\boldsymbol{n}$ は $\boldsymbol{7k+3}$, $\boldsymbol{5l+2}$ と表せる。

k, l を0以上の整数として，

$n=7k+3$, $5l+2$ と表せる。

$7k+3=5l+2$ として

$5l-7k=1$ ……①

$5\cdot3-7\cdot2=1$ ……②

①－②より

$5(l-3)-7(k-2)=0$

$5(l-3)=7(k-2)$

5と7は互いに素であるから m を整数として

$l-3=7m$, $k-2=5m$ と表せる。

$n=5l+2$ に代入して

$n=5(7m+3)+2=35m+17$

$35m+17\leqq999$ より

$m\leqq28.0\cdots\cdots$

よって，3桁の最大の自然数は

$n=35\times28+17=\boldsymbol{997}$

$\left(\begin{array}{l}n=7k+3 \text{ に } k=5m+2 \text{ を代入}\\ \text{してもよい。}\end{array}\right)$

77 $(x-\square)(y-\square)=(整数)$ の形に変形する。

（1）$xy+x-2y=7$ より

$(x-2)(y+1)+2=7$

$(x-2)(y+1)=5$

x, y は整数だから

$(x-2, \ y+1)=(1, \ 5), \ (5, \ 1),$

$(-1, \ -5), \ (-5, \ -1)$

よって，

$(x, \ y)=\boldsymbol{(3, \ 4)}, \ \boldsymbol{(7, \ 0)}, \ \boldsymbol{(1, \ -6)},$

$\boldsymbol{(-3, \ -2)}$

別解

$xy+x-2y=7$

$x(y+1)-2(y+1)+2=7$

$(x-2)(y+1)=5$

と変形してもよい。

（2）$\dfrac{3}{x}+\dfrac{2}{y}=1$

の両辺に xy を掛けて

$3y+2x=xy$

$xy-2x-3y=0$

$(x-3)(y-2)-6=0$

$\boldsymbol{(x-3)(y-2)=6}$

x, y は整数だから

$(x-3, \ y-2)=(1, \ 6), \ (2, \ 3),$

$(3, \ 2), \ (6, \ 1), \ (-1, \ -6),$

$(-2, \ -3), \ (-6, \ -1)$

（$(-3, \ -2)$ は $x=0$, $y=0$ となり適さない。）

この組合せのうち，x が最小なものは

$(x-3, \ y-2)=(-6, \ -1)$ のとき

$(x, \ y)=\boldsymbol{(-3, \ 1)}$

x の値が最大なものは

$(x-3, \ y-2)=(6, \ 1)$ のとき

$(x, \ y)=\boldsymbol{(9, \ 3)}$

別解

$xy-2x-3y=0$
$x(y-2)-3(y-2)-6=0$
$(x-3)(y-2)=6$
と変形してもよい。

78 (1) p 進法での表記に従って表す。

$212_{(3)}=2\times3^2+1\times3^1+2\times3^0$
$\qquad=18+3+2=23$

右の割り算より
$212_{(3)}=\mathbf{10111_{(2)}}$

$$\begin{array}{r}2)\underline{23}\\2)\underline{11}\cdots1\\2)\underline{5}\cdots1\\2)\underline{2}\cdots1\\1\cdots0\end{array}$$

(2) $1011_{(2)}+1101_{(2)}$
$=\mathbf{11000_{(2)}}$

$$\begin{array}{r}1011\\+1101\\\hline 11000\end{array}$$

$1011_{(2)}\times11_{(2)}$
$=\mathbf{100001_{(2)}}$

$$\begin{array}{r}1011\\\times\ 11\\\hline 1011\\1011\ \ \\\hline 100001\end{array}$$

(3) $212_{(n)}$ を 10 進法で表す。

$212_{(n)}=80$ より
$2\times n^2+1\times n+2=80$
$2n^2+n-78=0$
$(n-6)(2n+13)$
$=0$

$$\begin{array}{cc}1&-6\cdots-12\\2&13\cdots\ 13\\\hline 2&-78\quad 1\end{array}$$

n は自然数だから
$n=\mathbf{6}$

79 二項定理の一般項をかいて，係数を求める。

(1) $(2x-y)^5$ の展開式の一般項は
${}_5C_r(2x)^{5-r}(-y)^r$
$={}_5C_r\cdot2^{5-r}(-1)^rx^{5-r}y^r$
x^3y^2 は $r=2$ のとき
よって，${}_5C_2\cdot2^3(-1)^2=\dfrac{5\cdot4}{2\cdot1}\cdot2^3\cdot1$
$=10\times8=\mathbf{80}$

(2) $\left(x^2+\dfrac{2}{x}\right)^6$ の展開式の一般項は

${}_6C_r(x^2)^{6-r}\left(\dfrac{2}{x}\right)^r={}_6C_r\cdot2^r\cdot\dfrac{x^{12-2r}}{x^r}$
$\qquad={}_6C_r\cdot2^rx^{12-3r}$

定数項は $12-3r=0$ より $r=4$
のとき

よって，${}_6C_4\cdot2^4=\dfrac{6\cdot5\cdot4\cdot3}{4\cdot3\cdot2\cdot1}\cdot16$
$\qquad=15\times16=\mathbf{240}$

(3) 多項定理の一般項をかいて，係数を求める。

$(a+b-1)^7$ の展開式の一般項は
$\dfrac{7!}{p!\,q!\,r!}a^pb^q(-1)^r\ (p+q+r=7)$
a^2b は $p=2,\ q=1,\ r=4$ のとき
よって，$\dfrac{7!}{2!1!4!}\cdot(-1)^4=\dfrac{7\cdot6\cdot5}{2\cdot1}\cdot1$
$\qquad=\mathbf{105}$

80 割り算の計算方法に従って計算する。

(1)
$$x+3\ )\overline{\ 2x^3\qquad-12x+9\ }$$
右の計算より
商：$\mathbf{2x^2-6x+6}$
余り：$\mathbf{-9}$

$$\begin{array}{r}2x^2-6x\ +6\\ \underline{2x^3+6x^2}\\-6x^2-12x\\ \underline{-6x^2-18x}\\6x+9\\ \underline{6x+18}\\-9\end{array}$$

(2)
右の計算より
商：$\mathbf{x+1}$
余り：$\mathbf{x-4}$

$$x^2+x-1\ )\overline{\ x^3+2x^2+x\ -5\ }$$
$$\begin{array}{r}x+1\\ \underline{x^3+\ x^2-x}\\x^2+2x-5\\ \underline{x^2+\ x-1}\\x-4\end{array}$$

(3) 割り算の関係式をかいて，B を求める。

右の割り算の
関係より
$2x^3-x^2-5x+1$
$=B(x+1)+2x+5$
$B(x+1)=2x^3-x^2-7x-4$

$$B\ )\overline{\ 2x^3-x^2-5x+1\ }$$
$$2x+5$$

$$2x^2-3x-4$$
$$x+1\overline{)2x^3-x^2-7x-4}$$
$$\underline{2x^3+2x^2}$$
$$-3x^2-7x$$
$$\underline{-3x^2-3x}$$
$$-4x-4$$
$$\underline{-4x-4}$$
$$0$$

右の計算より
$$B=2x^2-3x-4$$

81 乗法，除法は因数分解して約分
加法，減法は通分して分子の計算

(1) $\dfrac{(-3a^2b)}{xy}\times\dfrac{3x}{(2ab)^2}$

$=\dfrac{-3a^2b\times 3x}{xy\times 4a^2b^2}=-\dfrac{9}{4by}$

(2) $\dfrac{x}{x-2}\div\dfrac{x^2-x}{x^2-3x+2}$

$=\dfrac{x}{x-2}\times\dfrac{(x-1)(x-2)}{x(x-1)}$

$=1$

(3) $\dfrac{1}{x+3}+\dfrac{4}{x^2+2x-3}$

$=\dfrac{1}{x+3}+\dfrac{4}{(x+3)(x-1)}$

$=\dfrac{x-1}{(x+3)(x-1)}+\dfrac{4}{(x+3)(x-1)}$

$=\dfrac{x+3}{(x+3)(x-1)}=\dfrac{1}{x-1}$

(4) $\dfrac{x-2}{x^2+4x}-\dfrac{x-5}{x^2+2x-8}$

$=\dfrac{x-2}{x(x+4)}-\dfrac{x-5}{(x-2)(x+4)}$

$=\dfrac{(x-2)^2-x(x-5)}{x(x+4)(x-2)}$

$=\dfrac{x^2-4x+4-x^2+5x}{x(x+4)(x-2)}$

$=\dfrac{x+4}{x(x+4)(x-2)}$

$=\dfrac{1}{x(x-2)}$

82 複素数の計算規則に従って，$a+bi$ の形にする。

(1) $\dfrac{2+3i}{1-5i}=\dfrac{(2+3i)(1+5i)}{(1-5i)(1+5i)}$

$=\dfrac{2+13i+15i^2}{1-25i^2}$

$=\dfrac{-13+13i}{26}=-\dfrac{1}{2}+\dfrac{1}{2}i$

(2) $(1-2i)(3+2i)-(2+i)^2$

$=3-4i-4i^2-(4+4i+i^2)$

$=7-4i-(3+4i)$

$=4-8i$

(3) $(2+i)x+(3-2i)y=-5+8i$

$2x+xi+3y-2yi=-5+8i$

$(2x+3y)+(x-2y)i=-5+8i$

$2x+3y$，$x-2y$ は実数だから

$2x+3y=-5$ ……①

$x-2y=8$ ……②

①，②を解いて

$x=2$，$y=-3$

83 (1) 解と係数の関係で $\alpha+\beta$，$\alpha\beta$ の値を求め，基本対称式変形をして代入する。

解と係数の関係より

$\alpha+\beta=3$，$\alpha\beta=1$

$\alpha^2+\beta^2=(\alpha+\beta)^2-2\alpha\beta$

$=3^2-2\cdot 1=7$

$\alpha^3+\beta^3=(\alpha+\beta)^3-3\alpha\beta(\alpha+\beta)$

$=3^3-3\cdot 1\cdot 3$

$=27-9=18$

$\dfrac{\beta}{\alpha+1}+\dfrac{\alpha}{\beta+1}$

$=\dfrac{\beta(\beta+1)}{(\alpha+1)(\beta+1)}+\dfrac{\alpha(\alpha+1)}{(\alpha+1)(\beta+1)}$

$=\dfrac{\beta^2+\beta+\alpha^2+\alpha}{(\alpha+1)(\beta+1)}$

$=\dfrac{(\alpha^2+\beta^2)+(\alpha+\beta)}{\alpha\beta+(\alpha+\beta)+1}$

$=\dfrac{7+3}{1+3+1}=\dfrac{10}{5}=2$

(2) 2つの解 $\alpha+\beta$ と $\alpha\beta$ の和と積の値を求める。

解と係数の関係より

$\alpha+\beta=2$，$\alpha\beta=5$

解の和は

$(\alpha+\beta)+\alpha\beta=2+5=7$

解の積は

$(\alpha+\beta)\alpha\beta=2\cdot5=10$

よって，2次方程式は

$x^2-7x+10=0$

84 (1) $P(x)$ を $x-\alpha$ で割った余りは割り算しないで $P(\alpha)$ で求められる。

$P(x)=x^3+2x^2-5x+1$ とおく。

$P(x)$ を $x+2$ で割った余りは

$P(-2)=(-2)^3+2(-2)^2-5\cdot(-2)+1$

$\qquad =-8+8+10+1$

$\qquad =\mathbf{11}$

(2) $P(x)=x^3+ax^2+bx+9$ とおく。

$P(x)$ を $x+1$ で割ると割り切れるから

$P(-1)=-1+a-b+9=0$

$\qquad a-b+8=0$ ……①

$P(x)$ を $x-2$ で割ると15余るから

$P(2)=8+4a+2b+9=15$

$\qquad 4a+2b+2=0$ ……②

$\qquad (\quad 2a+b+1=0$ ……②'$\quad)$

①，②を解いて

$a=\mathbf{-3}$, $b=\mathbf{5}$

85 (1) 左辺を $P(x)$ とおいて，定数項の約数を代入して $P(\alpha)=0$ となる1つの解をみつける。

(i) $P(x)=x^3-3x^2+2$ とおくと

$P(1)=1-3+2=0$

$P(x)$ は $x-1$ を因数にもつ。

$$
\begin{array}{r}
x^2-2x-2 \\
x-1\overline{)x^3-3x^2+2} \\
\underline{x^3-x^2} \\
-2x^2 \\
\underline{-2x^2+2x} \\
-2x+2 \\
\underline{-2x+2} \\
0
\end{array}
$$

上の割り算より

$P(x)=(x-1)(x^2-2x-2)$

$P(x)=0$ の解は

$x-1=0$, $x^2-2x-2=0$

$x=\mathbf{1}$, $x=\mathbf{1\pm\sqrt{3}}$

(ii) $P(x)=x^3+2x^2-3x-6$ とおくと

$P(-2)=-8+8+6-6=0$

$P(x)$ は $x+2$ を因数にもつ

$$
\begin{array}{r}
x^2-3 \\
x+2\overline{)x^3+2x^2-3x-6} \\
\underline{x^3+2x^2} \\
-3x-6 \\
\underline{-3x-6} \\
0
\end{array}
$$

上の割り算より

$P(x)=(x+2)(x^2-3)$

$P(x)=0$ の解は

$x+2=0$, $x^2-3=0$

$x=\mathbf{-2}$, $x=\mathbf{\pm\sqrt{3}}$

(2) $x=2$ が解だから，方程式に代入すれば成り立つ。

$P(x)=x^3-x^2-ax+4$ とおくと

$x=2$ は $P(x)=0$ の解だから

$P(2)=8-4-2a+4=0$

$\qquad -2a+8=0$　　よって，$a=\mathbf{4}$

このとき

$P(x)=x^3-x^2-4x+4=0$

$$
\begin{array}{r}
x^2+x-2 \\
x-2\overline{)x^3-x^2-4x+4} \\
\underline{x^3-2x^2} \\
x^2-4x \\
\underline{x^2-2x} \\
-2x+4 \\
\underline{-2x+4} \\
0
\end{array}
$$

上の割り算より

$P(x)=(x-2)(x^2+x-2)=0$

$\qquad (x-2)(x+2)(x-1)=0$

$\qquad x=2$, -2, 1

よって，他の解は $x=\mathbf{1}$ と $x=\mathbf{-2}$

86 $P(x)$ を2次式で割った余りを1次式 $ax+b$ とおいて，関係式をつくる。

(1) $P(x)$ を $(x+1)(x-3)$ で割った商を $Q(x)$，余りを $ax+b$ とすると

$P(x)=(x+1)(x-3)Q(x)+ax+b$

と表せる。

$P(-1)=12$, $P(3)=0$ だから

$P(-1)=-a+b=12$ ……①

$P(3)=3a+b=0$ ……②

①，②を解いて

$a=-3,\ b=9$

よって，余りは $-3x+9$

(2) $P(x)$ を x^2+x-2 で割ったときの

商を $Q(x)$，余りを $ax+b$ とすると

$P(x)=(x^2+x-2)Q(x)+ax+b$

$=(x+2)(x-1)Q(x)+ax+b$

と表せる。

$P(-2)=5,\ P(1)=-1$ だから

$P(-2)=-2a+b=5$ ……①

$P(1)=a+b=-1$ ……②

①，②を解いて

$a=-2,\ b=1$

よって，余りは $-2x+1$

87 展開して係数を比較する。または，代入法で関係式をつくる。

(1) $(x-2)(x+1)+a(x+3)+b$

$=x^2+x-1$

$x^2-x-2+ax+3a+b=x^2+x-1$

$x^2+(a-1)x+3a+b-2=x^2+x-1$

係数を比較して

$a-1=1$ …①, $3a+b-2=-1$ …②

①，②を解いて $a=2,\ b=-5$

別解

$x=2$ を代入して

$5a+b=4+2-1=5$ ……①

$x=-1$ を代入して

$2a+b=1-1-1=-1$ ……②

①，②を解いて $a=2,\ b=-5$

（このとき与式は恒等式になる。）

(2) $x^2=a(x-1)^2+b(x-1)+c$

$=a(x^2-2x+1)+bx-b+c$

$=ax^2-(2a-b)x+a-b+c$

係数を比較して

$a=1$ ……①, $2a-b=0$ ……②

$a-b+c=0$ ……③

①，②，③を解いて

$a=1,\ b=2,\ c=1$

別解

$x=1$ を代入して $1=c$ ……①

$x=0$ を代入して $0=a-b+c$ …②

$x=2$ を代入して $4=a+b+c$ …③

①，②，③を解いて

$a=1,\ b=2,\ c=1$

別解

$x-1=t$ とおいて $x=t+1$ を与式に

代入すると

$(t+1)^2=at^2+bt+c$

$t^2+2t+1=at^2+bt+c$

係数を比較して

$a=1,\ b=2,\ c=1$

（このとき与式は恒等式になる。）

(3) $\dfrac{5x+7}{x^2+3x+2}=\dfrac{a}{x+1}+\dfrac{b}{x+2}$

$\dfrac{5x+7}{(x+1)(x+2)}=\dfrac{a}{x+1}+\dfrac{b}{x+2}$

両辺に $(x+1)(x+2)$ を掛けて

$5x+7=a(x+2)+b(x+1)$

$=(a+b)x+2a+b$

両辺の係数を比較して

$a+b=5$ ……①, $2a+b=7$ ……②

①，②を解いて

$a=2,\ b=3$

88 2点間の距離の公式，分点の公式を利用する。(2)は y 軸上の点を $(0,\ a)$ とおく。

(1) $AB=\sqrt{(9+3)^2+(5+7)^2}$

$=\sqrt{12^2+12^2}=12\sqrt{2}$

(2) y 軸上の点を $C(0,\ a)$ とおくと

$AC=BC$ より $AC^2=BC^2$ だから

$(0+3)^2+(a+7)^2=(0-9)^2+(a-5)^2$

$9+a^2+14a+49=81+a^2-10a+25$

$24a=48$ $a=2$

よって，$C(0,\ 2)$

(3) 線分 AB を $5:3$ に内分する点

$D(x,\ y)$ は

$x=\dfrac{3\times(-3)+5\times 9}{5+3}$

$=\dfrac{-9+45}{8}=\dfrac{36}{8}=\dfrac{9}{2}$

$y=\dfrac{3\times(-7)+5\times 5}{5+3}$

$=\dfrac{-21+25}{8}=\dfrac{4}{8}=\dfrac{1}{2}$

よって，$\mathrm{D}\left(\dfrac{9}{2},\ \dfrac{1}{2}\right)$

線分 AB を $3:1$ に外分する点
$\mathrm{E}(x,\ y)$ は

$x=\dfrac{-1\times(-3)+3\times 9}{3-1}=\dfrac{3+27}{2}=15$

$y=\dfrac{-1\times(-7)+3\times 5}{3-1}=\dfrac{7+15}{2}=11$

よって，$\mathbf{E(15,\ 11)}$

89 直線の公式にあてはめて求める。直線の方程式は傾きと通る 1 点で決まる。

(1) $y-7=5(x-2)$ より
$\quad y=5x-3$

(2) $y-2=\dfrac{8-2}{-6-3}(x-3)$

$\quad y-2=-\dfrac{2}{3}(x-3)$ より

$\quad y=-\dfrac{2}{3}x+4$

(3) 直線 $2x-3y+1=0$ の傾きは $\dfrac{2}{3}$

だから平行な直線は

$y-(-1)=\dfrac{2}{3}(x-2)$ より

$\quad y=\dfrac{2}{3}x-\dfrac{7}{3}$

垂直な直線の傾きは

$m\cdot\dfrac{2}{3}=-1$ から $m=-\dfrac{3}{2}$

よって，$y-(-1)=-\dfrac{3}{2}(x-2)$ より

$\quad y=-\dfrac{3}{2}x+2$

(4) 線分 AB の傾きは

$\dfrac{1-5}{-1-7}=\dfrac{1}{2}$ だから

垂直な直線の傾きは

$\dfrac{1}{2}\cdot m=-1$ から $m=-2$

線分 AB の中点は

$\left(\dfrac{7-1}{2},\ \dfrac{5+1}{2}\right)=(3,\ 3)$

よって，$y-3=-2(x-3)$ より

$\quad y=-2x+9$

90 $(x-a)^2+(y-b)^2=r^2$ または
$x^2+y^2+ax+by+c=0$ を利用する。

(1) $(x+1)^2+(y+2)^2=16$

(2) $(x-5)^2+(y+2)^2=r^2$ とおくと
点 $(3,\ 2)$ を通るから
$\quad (3-5)^2+(2+2)^2=r^2$
$\quad r^2=4+16=20$
よって，$(x-5)^2+(y+2)^2=20$

(3) 円の中心は $(-3,\ 2)$，$(1,\ 4)$ の中点
だから
$\left(\dfrac{-3+1}{2},\ \dfrac{2+4}{2}\right)=(-1,\ 3)$
半径は $\sqrt{(1+1)^2+(4-3)^2}=\sqrt{5}$
よって，$(x+1)^2+(y-3)^2=5$

(4) 求める円の方程式を
$x^2+y^2+ax+by+c=0$ とおくと
3 点を通るから代入して，
$(0,\ 0):c=0$ ……①
$(2,\ 1):4+1+2a+b+c=0$ より
$\quad 2a+b+5=0$ ……②
$(2,\ -2):4+4+2a-2b+c=0$ より
$\quad 2a-2b+8=0$ ……③
②，③を解いて
$a=-3,\ b=1$
よって，$x^2+y^2-3x+y=0$

91 円と直線の方程式を連立させて，x の 2 次方程式をつくる。接するときは $D=0$

(1) $y=x-1$ を $x^2+y^2=25$
に代入して
$\quad x^2+(x-1)^2=25$
$\quad 2x^2-2x-24=0$
$\quad x^2-x-12=0$
$\quad (x-4)(x+3)=0$
$\quad x=4,\ -3$
$x=4$ のとき $y=3$，
$x=-3$ のとき $y=-4$
よって，$(4,\ 3)$，$(-3,\ -4)$

(2) $y=2x+n$ を $x^2+y^2=5$
に代入して
$\quad x^2+(2x+n)^2=5$
$\quad 5x^2+4nx+n^2-5=0$

判別式を D とすると，円と直線が交わるのは $D>0$ のときだから

$$D=(4n)^2-4\cdot5\cdot(n^2-5)$$
$$=16n^2-20n^2+100$$
$$=-4n^2+100>0$$

$25>n^2$，ゆえに $-5<n<5$

また，接するのは $D=0$ のときだから

$$n^2=25,\ \text{ゆえに，}\ n=\pm5$$

$n=5$ のとき

$$5x^2+20x+20=0$$
$$x^2+4x+4=0$$
$$(x+2)^2=0,\ x=-2$$
$$y=2x+5\ \text{に代入して}\ y=1$$

$n=-5$ のとき

$$5x^2-20x+20=0$$
$$x^2-4x+4=0$$
$$(x-2)^2=0,\ x=2$$
$$y=2x-5\ \text{に代入して}\ y=-1$$

よって，

$n=5$ のとき，接点は $(-2,\ 1)$

$n=-5$ のとき，接点は $(2,\ -1)$

92 単位円をかいて，角 θ をとり三角比の値や範囲を求める。

(1) (i) $\sin\dfrac{\pi}{6}\cos\dfrac{2}{3}\pi+\sin\dfrac{\pi}{3}\cos\dfrac{5}{6}\pi$

$$=\dfrac{1}{2}\cdot\left(-\dfrac{1}{2}\right)+\dfrac{\sqrt{3}}{2}\cdot\left(-\dfrac{\sqrt{3}}{2}\right)$$

$$=-\dfrac{1}{4}-\dfrac{3}{4}=-1$$

(ii) $\tan\dfrac{5}{4}\pi\sin\dfrac{4}{3}\pi-\cos\dfrac{7}{6}\pi$

$$=1\cdot\left(-\dfrac{\sqrt{3}}{2}\right)-\left(-\dfrac{\sqrt{3}}{2}\right)=0$$

(2) (i) $\sin x>\dfrac{1}{2}$

右の図より

$$\dfrac{\pi}{6}<x<\dfrac{5}{6}\pi$$

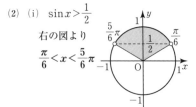

(ii) $\cos x\geqq-\dfrac{1}{2}$

右の図より

$$0\leqq x\leqq\dfrac{2}{3}\pi$$

$$\dfrac{4}{3}\pi\leqq x<2\pi$$

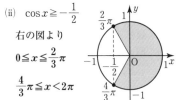

(iii) $\tan x<\sqrt{3}$

右の図より

$$0\leqq x<\dfrac{\pi}{3}$$

$$\dfrac{\pi}{2}<x<\dfrac{4}{3}\pi$$

$$\dfrac{3}{2}\pi<x<2\pi$$

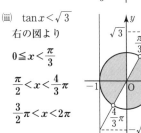

93 (1) 加法定理を利用。(i)は $75°=30°+45°$

(ii)は $\dfrac{\pi}{12}=\dfrac{\pi}{3}-\dfrac{\pi}{4}$ とする。

(i) $\sin75°=\sin(30°+45°)$

$$=\sin30°\cos45°$$
$$\qquad+\cos30°\sin45°$$

$$=\dfrac{1}{2}\cdot\dfrac{\sqrt{2}}{2}+\dfrac{\sqrt{3}}{2}\cdot\dfrac{\sqrt{2}}{2}$$

$$=\dfrac{\sqrt{2}+\sqrt{6}}{4}$$

(ii) $\cos\dfrac{\pi}{12}=\cos\left(\dfrac{\pi}{3}-\dfrac{\pi}{4}\right)$

$$=\cos\dfrac{\pi}{3}\cos\dfrac{\pi}{4}$$

$$\qquad+\sin\dfrac{\pi}{3}\sin\dfrac{\pi}{4}$$

$$=\dfrac{1}{2}\cdot\dfrac{\sqrt{2}}{2}+\dfrac{\sqrt{3}}{2}\cdot\dfrac{\sqrt{2}}{2}$$

$$=\dfrac{\sqrt{2}+\sqrt{6}}{4}$$

(2) $\cos\alpha,\ \sin\beta$ の値を求め，加法定理にあてはめる。

$$\cos^2\alpha=1-\sin^2\alpha=1-\left(\dfrac{4}{5}\right)^2$$

$$=\dfrac{25}{25}-\dfrac{16}{25}=\dfrac{9}{25}$$

$\dfrac{\pi}{2}<\alpha<\pi$ だから $\cos\alpha<0$

よって，$\cos\alpha=-\sqrt{\dfrac{9}{25}}=-\dfrac{3}{5}$

$\sin^2\beta=1-\cos^2\beta=1-\left(\dfrac{5}{13}\right)^2$

$\qquad =\dfrac{169}{169}-\dfrac{25}{169}=\dfrac{144}{169}$

$0<\beta<\dfrac{\pi}{2}$ だから $\sin\beta>0$

よって，$\sin\beta=\sqrt{\dfrac{144}{169}}=\dfrac{12}{13}$

$\sin(\alpha+\beta)=\sin\alpha\cos\beta+\cos\alpha\sin\beta$

$\qquad =\dfrac{4}{5}\cdot\dfrac{5}{13}+\left(-\dfrac{3}{5}\right)\cdot\dfrac{12}{13}$

$\qquad =\dfrac{20-36}{65}=-\dfrac{\mathbf{16}}{\mathbf{65}}$

$\cos(\alpha+\beta)=\cos\alpha\cos\beta-\sin\alpha\sin\beta$

$\qquad =-\dfrac{3}{5}\cdot\dfrac{5}{13}-\dfrac{4}{5}\cdot\dfrac{12}{13}$

$\qquad =-\dfrac{15+48}{65}=-\dfrac{\mathbf{63}}{\mathbf{65}}$

94 2倍角と半角の公式を利用する。

$\cos^2\theta=\dfrac{1+\cos2\theta}{2}$ で(4)は $\theta\to\dfrac{\theta}{2}$ にすると $\cos^2\dfrac{\theta}{2}=\dfrac{1+\cos\theta}{2}$ となる。

(6)は $\cos2\theta=2\cos^2\theta-1$ で $\theta\to2\theta$ にすると $\cos4\theta=2\cos^22\theta-1$ となる。

(1) $\cos2\theta=2\cos^2\theta-1$

$\qquad =2\left(\dfrac{1}{3}\right)^2-1=\dfrac{2}{9}-1$

$\qquad =-\dfrac{\mathbf{7}}{\mathbf{9}}$

(2) $0<\theta<\dfrac{\pi}{2}$ より $0<2\theta<\pi$ だから

$\sin2\theta>0$

$\sin2\theta=\sqrt{1-\cos^22\theta}=\sqrt{1-\left(-\dfrac{7}{9}\right)^2}$

$\qquad =\sqrt{1-\dfrac{49}{81}}=\sqrt{\dfrac{32}{81}}=\dfrac{4\sqrt{2}}{9}$

別解

$0<\theta<\dfrac{\pi}{2}$ だから $\sin\theta>0$

$\sin\theta=\sqrt{1-\cos^2\theta}=\sqrt{1-\left(\dfrac{1}{3}\right)^2}$

$\qquad =\sqrt{\dfrac{8}{9}}=\dfrac{2\sqrt{2}}{3}$

$\sin2\theta=2\sin\theta\cos\theta$

$\qquad =2\cdot\dfrac{2\sqrt{2}}{3}\cdot\dfrac{1}{3}=\dfrac{4\sqrt{2}}{9}$

(3) $\tan2\theta=\dfrac{\sin2\theta}{\cos2\theta}=\dfrac{4\sqrt{2}}{9}\div\left(-\dfrac{7}{9}\right)$

$\qquad =-\dfrac{4\sqrt{2}}{9}\times\dfrac{9}{7}=-\dfrac{\mathbf{4\sqrt{2}}}{\mathbf{7}}$

(4) $\cos^2\dfrac{\theta}{2}=\dfrac{1+\cos\theta}{2}=\dfrac{1}{2}\left(1+\dfrac{1}{3}\right)$

$\qquad =\dfrac{1}{2}\cdot\dfrac{4}{3}=\dfrac{\mathbf{2}}{\mathbf{3}}$

$0<\theta<\dfrac{\pi}{2}$ より $0<\dfrac{\theta}{2}<\dfrac{\pi}{4}$ だから

$\cos\dfrac{\theta}{2}>0$

よって，$\cos\dfrac{\theta}{2}=\sqrt{\dfrac{2}{3}}=\dfrac{\sqrt{6}}{3}$

(5) $\sin\dfrac{\theta}{2}>0$ だから

$\sin\dfrac{\theta}{2}=\sqrt{1-\cos^2\dfrac{\theta}{2}}=\sqrt{1-\left(\dfrac{\sqrt{6}}{3}\right)^2}$

$\qquad =\sqrt{1-\dfrac{2}{3}}=\sqrt{\dfrac{1}{3}}=\dfrac{\sqrt{3}}{3}$

別解

$\sin^2\dfrac{\theta}{2}=\dfrac{1-\cos\theta}{2}=\dfrac{1}{2}\left(1-\dfrac{1}{3}\right)$

$\qquad =\dfrac{1}{2}\cdot\dfrac{2}{3}=\dfrac{1}{3}$

$\sin\dfrac{\theta}{2}>0$ だから

$\sin\dfrac{\theta}{2}=\sqrt{\dfrac{1}{3}}=\dfrac{\sqrt{3}}{3}$

(6) $\cos4\theta=2\cos^22\theta-1$

$\qquad =2\cdot\left(-\dfrac{7}{9}\right)^2-1=\dfrac{98}{81}-1=\dfrac{\mathbf{17}}{\mathbf{81}}$

95 三角関数の合成の公式にあてはめる。

(1) $y=\sin\theta+\cos\theta$

$\qquad =\sqrt{1^2+1^2}\sin\left(\theta+\dfrac{\pi}{4}\right)$

$\qquad =\sqrt{2}\sin\left(\theta+\dfrac{\pi}{4}\right)$

$0\leqq\theta\leqq\pi$ より

$\qquad \dfrac{\pi}{4}\leqq\theta+\dfrac{\pi}{4}\leqq\dfrac{5}{4}\pi$

ゆえに

$$-\frac{\sqrt{2}}{2} \leqq \sin\left(\theta+\frac{\pi}{4}\right) \leqq 1$$

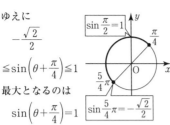

最大となるのは

$$\sin\left(\theta+\frac{\pi}{4}\right)=1$$

すなわち

$$\theta+\frac{\pi}{4}=\frac{\pi}{2} \quad \text{より}$$

$\theta=\dfrac{\pi}{4}$ のとき最大値 $\sqrt{2}\cdot1=\sqrt{2}$

最小となるのは

$$\sin\left(\theta+\frac{\pi}{4}\right)=-\frac{\sqrt{2}}{2}$$

すなわち，$\theta+\dfrac{\pi}{4}=\dfrac{5}{4}\pi$ より

$\theta=\pi$ のとき

最小値 $\sqrt{2}\cdot\left(-\dfrac{\sqrt{2}}{2}\right)=-1$

(2) $\sqrt{3}\sin x-\cos x=\sqrt{3}$

$$\sqrt{(\sqrt{3})^2+(-1)^2}\sin\left(x-\frac{\pi}{6}\right)=\sqrt{3}$$

$$2\sin\left(x-\frac{\pi}{6}\right)=\sqrt{3}$$

$$\sin\left(x-\frac{\pi}{6}\right)=\frac{\sqrt{3}}{2}$$

$0\leqq x<2\pi$ より

$$-\frac{\pi}{6}\leqq x-\frac{\pi}{6}<\frac{11}{6}\pi$$

右の図より

$x-\dfrac{\pi}{6}=\dfrac{\pi}{3}$ のとき

$$x=\frac{\pi}{3}+\frac{\pi}{6}=\frac{\pi}{2}$$

$x-\dfrac{\pi}{6}=\dfrac{2}{3}\pi$ のとき

$$x=\frac{2}{3}\pi+\frac{\pi}{6}=\frac{5}{6}\pi$$

よって，$x=\dfrac{\pi}{2}$, $\dfrac{5}{6}\pi$

96 (1) 指数法則を使って計算する。

(ⅰ) $2^{-2}\times2\div2^{-4}$
$=2^{-2}\times2\times2^4$
$=2^{-2+1+4}=2^3=\mathbf{8}$

(ⅱ) $4^{\frac{3}{2}}\times27^{\frac{1}{3}}\div\sqrt[3]{-8}$
$=(2^2)^{\frac{3}{2}}\times(3^3)^{\frac{1}{3}}\div\{(-2)^3\}^{\frac{1}{3}}$
$=2^3\times3^1\times(-2)^{-1}$
$=-2^{3-1}\times3=\mathbf{-12}$

(ⅲ) $\sqrt{a}\times\sqrt[3]{a^2}\times\sqrt[6]{a^5}$
$=a^{\frac{1}{2}}\times a^{\frac{2}{3}}\times a^{\frac{5}{6}}$
$=a^{\frac{1}{2}+\frac{2}{3}+\frac{5}{6}}=a^{\frac{3+4+5}{6}}$
$=\boldsymbol{a^2}$

(2) 底をそろえて，指数を比較する。

(ⅰ) $3^{2x-1}=27$, $3^{2x-1}=3^3$
よって，$2x-1=3$
$x=\mathbf{2}$

(ⅱ) $4^{x+1}=8$, $(2^2)^{x+1}=2^3$
$2^{2x+2}=2^3$
よって，$2x+2=3$
$x=\dfrac{1}{2}$

(ⅲ) $2^x<\dfrac{1}{8}$, $2^x<2^{-3}$
よって，底$=2>1$ だから，$x<-3$

(ⅳ) $\left(\dfrac{1}{3}\right)^x>81$, $3^{-x}>3^4$
底$=3>1$ だから，$-x>4$ よって，
$x<-4$

97 対数の計算法則に従って計算する。

(1) $\log_6 4+\log_6 9=\log_6(4\times9)$
$=\log_6 36=\log_6 6^2=\mathbf{2}$

(2) $\log_3 15-\log_3 45=\log_3\dfrac{15}{45}$
$=\log_3\dfrac{1}{3}=\log_3 3^{-1}$
$=\mathbf{-1}$

(3) $\log_2(\sqrt{17}-\sqrt{13})+\log_2(\sqrt{17}+\sqrt{13})$
$=\log_2(\sqrt{17}-\sqrt{13})(\sqrt{17}+\sqrt{13})$
$=\log_2(17-13)=\log_2 4$
$=\log_2 2^2=\mathbf{2}$

(4) $\dfrac{1}{3}\log_{10}8+\log_{10}\dfrac{3}{2}-\log_{10}\dfrac{3}{10}$

$=\dfrac{1}{3}\log_{10}2^3+\log_{10}\left(\dfrac{3}{2}\times\dfrac{10}{3}\right)$

$=\log_{10}2+\log_{10}5=\log_{10}(2\times5)$

$=\log_{10}10=\mathbf{1}$

(5) $\log_3 8\cdot\log_4 3=\log_3 2^3\cdot\dfrac{\log_3 3}{\log_3 4}$

$=3\log_3 2\cdot\dfrac{1}{\log_3 2^2}$

$=3\log_3 2\cdot\dfrac{1}{2\log_3 2}$

$=\dfrac{3}{2}$

98 常用対数をとって，その値を自然数で挟み込む。(2)は $\log_{10}5=\log_{10}\dfrac{10}{2}$ と表す。

(1) 6^{30} の常用対数をとると

$\log_{10}6^{30}=30\log_{10}6$

$=30(\log_{10}2+\log_{10}3)$

$=30(0.3010+0.4771)$

$=30\times0.7781$

$=23.343$

$23<\log_{10}6^{30}<24$ より

$10^{23}<6^{30}<10^{24}$

よって，6^{30} は **24 桁の整数**

(2) $\left(\dfrac{3}{5}\right)^{100}$ の常用対数をとると

$\log_{10}\left(\dfrac{3}{5}\right)^{100}=100\log_{10}\dfrac{3}{5}$

$=100(\log_{10}3-\log_{10}5)$

$=100\left(\log_{10}3-\log_{10}\dfrac{10}{2}\right)$

$=100(\log_{10}3-\log_{10}10$

$+\log_{10}2)$

$=100(0.4771-1+0.3010)$

$=100\times(-0.2219)$

$=-22.19$

$10^{-23}<\left(\dfrac{3}{5}\right)^{100}<10^{-22}$

よって，$\left(\dfrac{3}{5}\right)^{100}$ は**小数第 23 位に初めて 0 でない数が現れる。**

99 微分と積分の公式に従って計算する。(3)は $f(x)=\int f'(x)\,dx$ を利用。

(1) (i) $y=4x^2-5x+2$

$y'=\mathbf{8x-5}$

(ii) $y=(2x+1)(2x^2-1)$

$=4x^3+2x^2-2x-1$

$y'=\mathbf{12x^2+4x-2}$

(2) (i) $\displaystyle\int(2x+1)(3x-1)\,dx$

$=\displaystyle\int(6x^2+x-1)\,dx$

$=\mathbf{2x^3+\dfrac{1}{2}x^2-x+C}$

（C は積分定数）

(ii) $\displaystyle\int_1^2(3x^2-2x+4)\,dx$

$=\Big[x^3-x^2+4x\Big]_1^2$

$=(8-4+8)-(1-1+4)$

$=12-4=\mathbf{8}$

(3) $f(x)=\displaystyle\int f'(x)\,dx$

$=\displaystyle\int(6x-4)\,dx$

$=3x^2-4x+C$（C は積分定数）

$f(0)=5$ だから $f(0)=C=5$

よって，$f(x)=\mathbf{3x^2-4x+5}$

$\displaystyle\int_0^1 f(x)\,dx=\int_0^1(3x^2-4x+5)\,dx$

$=\Big[x^3-2x^2+5x\Big]_0^1$

$=1-2+5=\mathbf{4}$

100 (1)は $f'(x)$ を求めて，傾きを求める。(2)は傾きが 3 だから $f'(a)=3$ とおいて接点を求める。

(1) $y=f(x)=x^2-x$ とおくと

$f'(x)=2x-1$

$f'\left(\dfrac{3}{2}\right)=2\cdot\dfrac{3}{2}-1=2$

よって，$y-\dfrac{3}{4}=2\left(x-\dfrac{3}{2}\right)$ より

$\mathbf{y=2x-\dfrac{9}{4}}$

(2) $y=f(x)=x^3-9x$ とおくと

$f'(x)=3x^2-9$

接点を $(a,\ a^3-9a)$ とおくと，接線の
傾きが 3 だから

$f'(a)=3a^2-9=3$

$\qquad a^2=4,\ a=\pm2$

$a=2$ のとき，接点は $(2,\ -10)$

$\qquad y-(-10)=3(x-2)$

$\qquad\qquad y=3x-16$

$a=-2$ のとき，接点は $(-2,\ 10)$

$\qquad y-10=3(x+2)$

$\qquad\quad y=3x+16$

よって，**$y=3x-16,\ y=3x+16$**

101 グラフの概形をかいて，どの部分の面積を求めるのか確認してから公式にあてはめる。

(1) $y=-x^2+2x$

$\qquad =-x(x-2)$

$y=0$ より

交点は $x=0,\ 2$

$S=\displaystyle\int_0^2(-x^2+2x)\,dx$

$\quad =\left[-\dfrac{1}{3}x^3+x^2\right]_0^2$

$\quad =-\dfrac{8}{3}+4=\dfrac{4}{3}$

別解

$S=\displaystyle\int_0^2(-x^2+2x)\,dx=-\int_0^2x(x-2)\,dx$

$\quad =\dfrac{(2-0)^3}{6}=\dfrac{4}{3}$

(2) $y=2x^2-2$

$\qquad =2(x+1)(x-1)$

$y=0$ より

交点は $x=-1,\ 1$

$S=-\displaystyle\int_{-1}^1(2x^2-2)\,dx$

$\quad =\left[-\dfrac{2}{3}x^3+2x\right]_{-1}^1$

$\quad =\left(-\dfrac{2}{3}+2\right)-\left(\dfrac{2}{3}-2\right)$

$\quad =\dfrac{4}{3}+\dfrac{4}{3}=\dfrac{8}{3}$

別解

$S=\displaystyle\int_{-1}^1(-2x^2+2)\,dx$

$\quad =-2\displaystyle\int_{-1}^1(x+1)(x-1)\,dx$

$\quad =2\cdot\dfrac{\{1-(-1)\}^3}{6}=\dfrac{8}{3}$

(3) 放物線 $y=x^2-2x$ と 直線 $y=x$
の交点は

$x^2-2x=x$ より

$x(x-3)=0$

$x=0,\ 3$

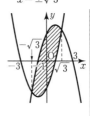

$S=\displaystyle\int_0^3\{x-(x^2-2x)\}\,dx$

$\quad =\displaystyle\int_0^3(-x^2+3x)\,dx$

$\quad =\left[-\dfrac{1}{3}x^3+\dfrac{3}{2}x^2\right]_0^3$

$\quad =-9+\dfrac{27}{2}=\dfrac{9}{2}$

別解

$S=\displaystyle\int_0^3(-x^2+3x)\,dx$

$\quad =-\displaystyle\int_0^3x(x-3)\,dx$

$\quad =\dfrac{(3-0)^3}{6}=\dfrac{9}{2}$

(4) 2つの放物線 $y=x^2+2x-3$ と
$y=-x^2+2x+3$ の交点の x 座標は

$x^2+2x-3=-x^2+2x+3$ より

$2x^2-6=0$

$x=\pm\sqrt{3}$

> $y=x^2+2x-3$
> $\quad =(x+3)(x-1)$
> $y=-x^2+2x+3$
> $\quad =-(x-3)(x+1)$
> グラフと x 軸との
> 交点は因数分解す
> ればわかる。

$S=\displaystyle\int_{-\sqrt{3}}^{\sqrt{3}}\{(-x^2+2x+3)$

$\qquad\qquad\qquad -(x^2+2x-3)\}\,dx$

$\quad =\displaystyle\int_{-\sqrt{3}}^{\sqrt{3}}(-2x^2+6)\,dx$

$\quad =\left[-\dfrac{2}{3}x^3+6x\right]_{-\sqrt{3}}^{\sqrt{3}}$

$$=\left(-\frac{2\cdot3\sqrt{3}}{3}+6\sqrt{3}\right)$$
$$-\left(\frac{2\cdot3\sqrt{3}}{3}-6\sqrt{3}\right)$$
$$=4\sqrt{3}+4\sqrt{3}=\mathbf{8\sqrt{3}}$$

別解

$$S=\int_{-\sqrt{3}}^{\sqrt{3}}(-2x^2+6)\,dx$$
$$=-2\int_{-\sqrt{3}}^{\sqrt{3}}(x+\sqrt{3})(x-\sqrt{3})\,dx$$
$$=2\cdot\frac{\{\sqrt{3}-(-\sqrt{3})\}^3}{6}=\frac{(2\sqrt{3})^3}{3}$$
$$=\frac{8\cdot3\sqrt{3}}{3}=\mathbf{8\sqrt{3}}$$

大学入試

▼

10日あればいい!

短期集中ゼミ

看護・医療系のための数学I・A

福島國光

●本書の特色

▶本書の各項目は，「例題」（＋「考え方」）→「練習問題」で構成されています。

▶「例題」を見て，「考え方」をよく読んで，これまで学んだことを復習してから「練習問題」に取り組んでください。

▶「練習問題」は，まず解答を見ないで解き，その後に解答を確認しましょう。解けなかった場合は，もう一度「例題」と「考え方」を学習して再チャレンジしてください。

▶この本で学んだ皆さんが，無事入試を突破し，希望をかなえられることを祈っております。

※問題文に付記された大学名は，過去に同様の問題が入学試験に出題されたことを参考までに示したものです。

データの
分析

数学A

場合の数

確率

図形の性質

1 いろいろな式の計算

次の式を計算して簡単にせよ。

(1) $(-2a^3b^2)^4 \times (-8ab^3) \div 64a^8b^7$ 〈日高看専〉

(2) $(3x-2y)(x^2-xy+y^2)$ 〈相模原看専〉

(3) $(3x^2-2)(x^2+3)-2x(x^3-2x-1)$ 〈相模原看専〉

解

(1) $(-2a^3b^2)^4 \times (-8ab^3) \div 64a^8b^7$

$= 16a^{12}b^8 \times (-8ab^3) \times \dfrac{1}{64a^8b^7}$

$= -\dfrac{16 \times 8}{64} \times \dfrac{a^{13}b^{11}}{a^8b^7} = -2a^5b^4$

(2) $(3x-2y)(x^2-xy+y^2)$

$= 3x(x^2-xy+y^2)-2y(x^2-xy+y^2)$ ◀分配法則で一つずつ順番に掛けて展開する。

$= 3x^3-3x^2y+3xy^2-2x^2y+2xy^2-2y^3$

$= 3x^3-5x^2y+5xy^2-2y^3$

(3) $(3x^2-2)(x^2+3)-2x(x^3-2x-1)$ ◀( )の前に − があるときは符号に注意して展開する。

$= 3x^4+7x^2-6-2x^4+4x^2+2x$

$= x^4+11x^2+2x-6$ ◀同類項をまとめて降べきの順に

考え方

【式の計算の基本】

・式の計算では①，②のように，公式やおきかえ，組合せの工夫などを利用することが多いです。

・しかし，中には地道に計算していくだけの問題もあります。そんな計算問題では，次の指数法則や分配法則を一つ一つ確実に使って進めよう。

計算は一歩一歩

指数法則	分配法則
$a^m \times a^n = a^{m+n}$, $(a^m)^n = a^{mn}$, $(ab)^n = a^nb^n$	$A(B+C) = AB+AC$
例 $2^3 \times 2^4 = 2^7$　$(2^3)^4 = 2^{12}$　$(2 \times 3)^4 = 2^4 \times 3^4$	$(A+B)C = AC+BC$

練習1 次の式を計算して簡単にせよ。

(1) $\left(\dfrac{1}{2}x^3y^2\right)^3 \div \left(-\dfrac{3}{4}x^2y\right)^2$ 〈浦和学院看専〉

(2) $5x^2y \times 12xy^2 \div (-2xy)^2$ 〈鹿屋市立看専〉

(3) $(x-1)(y-1)(z-1)$ 〈昭和医大附看〉

(4) $(2x+3y)(3x-2y)-(2x-3y)(3x+2y)$ 〈広島市立看専〉

(5) $(x+2)(x+3)(3x-2)-4(x-1)(x+3)$ 〈豊田地域看専〉

2 公式による展開

次の式を公式を用いて展開せよ。

(1) $(3x-2y)(x+5y)$ (2) $(5a+4b)(5a-4b)$

(3) $(a+b-2c)^2$ (4) $(x+2y)^2(x-2y)^2$ 〈福岡医健専〉

解

(1) $(3x-2y)(x+5y)$

$=3x^2+(3\cdot5-2\cdot1)xy-10y^2$

$\bm{=3x^2+13xy-10y^2}$

← $(ax+b)(cx+d)$
$=acx^2+(ad+bc)x+bd$

この計算は暗算でできるように。

(2) $(5a+4b)(5a-4b)$

$=(5a)^2-(4b)^2$

$\bm{=25a^2-16b^2}$

← $(A+B)(A-B)$
$=A^2-B^2$

(3) $(a+b-2c)^2$

$=a^2+b^2+(-2c)^2+2\cdot a\cdot b+2\cdot b\cdot(-2c)+2\cdot(-2c)\cdot a$

$\bm{=a^2+b^2+4c^2+2ab-4bc-4ca}$

←公式にきちんと
代入する。

(4) $(x+2y)^2(x-2y)^2$

$=\{(x+2y)(x-2y)\}^2=(x^2-4y^2)^2$

$\bm{=x^4-8x^2y^2+16y^4}$

← $(A)^2(B)^2=\{(A)(B)\}^2$

考え方

【展開は公式にあてはめた式をきちんとかこう】

・公式は頻繁に出てくる典型的な形の式で，途中の計算を省略できる便利な式です。

・実際に計算して，公式が成り立つことを確認しよう。

・公式は，式としてより形として覚えるのが大切です。

公式にきちんと
あてはめて
代入してよ

展開公式 ➡ 展開は形で記憶（ⓐとⓑと△に文字や数が入る）

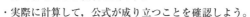

$(ⓐ+ⓑ)^2=ⓐ^2+2ⓐ\cdotⓑ+ⓑ^2$

$(ⓐ-ⓑ)^2=ⓐ^2-2ⓐ\cdotⓑ+ⓑ^2$

$(ⓐ+ⓑ)(ⓐ-ⓑ)=ⓐ^2-ⓑ^2$

$(ⓐ+ⓑ+△)^2=ⓐ^2+ⓑ^2+△^2+2ⓐ\cdotⓑ+2ⓑ\cdot△+2△\cdotⓐ$

$(ⓐ+ⓑ)^3=ⓐ^3+3ⓐ^2\cdotⓑ+3ⓐ\cdotⓑ^2+ⓑ^3$（数Ⅱ）

練習2 次の式を公式を用いて展開せよ。

(1) $(2x+5y)(3x-4y)$ (2) $(-3x+y)(3x+y)$

(3) $(2x+3y)^2(2x-3y)^2$ 〈南奈良看専〉 (4) $(x+2y-4z)^2$ 〈日高看専〉

(5) $(a+b)(a-b)(a^2+b^2)$ 〈江戸川看専〉

3 組合せを考えた式の計算

次の式を展開せよ。

(1) $(x-2y+1)(x+2y-1)$ 〈神奈川県立衛看専〉

(2) $(x+1)(x-1)(x-2)(x-4)$ 〈江戸川看専〉

解

(1) $(x-2y+1)(x+2y-1)$
$=\{x-(2y-1)\}\{x+(2y-1)\}$
$=x^2-(2y-1)^2$
$=x^2-4y^2+4y-1$

← 同符号の x と異符号の $-2y+1$ に着目して $(a+b)(a-b)=a^2-b^2$ が使えるように変形。

(2) $(x+1)(x-1)(x-2)(x-4)$
$=(x+1)(x-4)(x-1)(x-2)$
$=(x^2-3x-4)(x^2-3x+2)$
$=(x^2-3x)^2-2(x^2-3x)-8$
$=x^4-6x^3+9x^2-2x^2+6x-8$
$=x^4-6x^3+7x^2+6x-8$

← 因数の組合せを考えて公式が使えるようにする。

← x^2-3x を1つの文字と考えて展開する

考え方

【複雑な式の展開では，項を1つにまとめたり，展開する式の組合せを考えよう】

・複雑な式の展開では，何も工夫をしないでそのまま計算することはあまりありません。

・（　）内の項を1つにまとめたり，（　）と（　）を組合せることによって公式が使える形にします。

公式の形になるように工夫して変形しなきゃ

展開計算の工夫は ➡

・2つの項を1つにする

 $($ $a+b$ $+c)($ $a+b$ $-c)=(a+b)^2-c^2$

・展開の組合せを考える。

練習3 次の式を展開せよ。

(1) $(a-b+4)(a-b-7)$ 〈三重看専〉

(2) $(3x+2y-z)(3x-2y-z)$ 〈福岡医保専〉

(3) $(a+b-c-d)(a-b-c+d)$ 〈宝塚市立看専〉

(4) $(x+3)(x-2)(x^2-x-6)$ 〈東京都立看専〉

(5) $(x-1)(x-2)(x-3)(x-4)$ 〈高崎健康福祉大〉

4 因数分解

次の式を因数分解せよ。

(1) $6x^2+xy-y^2$ 〈昭和医大附看〉

(2) $x^2+2ax-8a-16$ 〈健和看学院〉

(3) $x^2-2xy+y^2-x+y-2$ 〈函館厚生院看専〉

解

(1) $6x^2+xy-y^2$

$=(2x+y)(3x-y)$

← $\begin{array}{lll}2x & y & \cdots\cdots & 3xy \\ 3x & -y & \cdots\cdots & -2xy \\ \hline & & & xy\end{array}$

(2) $x^2+2ax-8a-16$

$=(2x-8)a+x^2-16$

$=2a(x-4)+(x+4)(x-4)$

$=(x-4)(x+2a+4)$

←最低次数の文字 a でくくるとその係数 $(x-4)$ が共通因数となって現れる。

(3) $x^2-2xy+y^2-x+y-2$

$=x^2-(2y+1)x+y^2+y-2$

$=x^2-(2y+1)x+(y+2)(y-1)$

$=(x-y-2)(x-y+1)$

←x の2次式とみて，タスキ掛け

$\begin{array}{lll}1 & -(y+2) & \cdots\cdots & -y-2 \\ 1 & -(y-1) & \cdots\cdots & -y+1 \\ \hline & & & -2y-1\end{array}$

考え方

【因数分解は順序よく考えていこう】

・因数分解には，きちんとした考え方があるのでその考えに従ってやろう。

・次のような順で考えていけば，だいたい間違いありません。

因数分解を
考える順序 ➡

・式全体に共通因数があるか
・公式が適用できるか
・文字が2つ以上あれば，最低次数の文字で整理する
・2次式ならタスキ掛けができる

練習4 次の式を因数分解せよ。

(1) $2x^2-6xy-20y^2$ 〈沼津立市看専〉

(2) $ab^2-bc^2+b^2c-c^2a$ 〈宝塚市立看専〉

(3) $x^2-2xy+4x+y^2-4y+3$ 〈松阪看専〉

(4) $(2x+3y+1)^2-(x+y+1)^2$ 〈東海大健康科看〉

(5) $a^2(b-c)+b^2(c-a)+c^2(a-b)$ 〈三友堂看専〉

(6) $x^4+x^2y^2+y^4$ 〈日高看専〉

5 おきかえによる因数分解

次の式を因数分解せよ。

(1) $(a+b)(a+b-9)+20$ 〈函館厚生院看専〉

(2) $(x+1)(x+2)(x+4)(x+5)-4$ 〈国立病院機構〉

解 (1) $a+b=A$ とおく。

(与式)$=A(A-9)+20$ ←$a+b$ を A とおきかえる
とAの2次式になる。

$=A^2-9A+20$

$=(A-4)(A-5)$ ←A を $a+b$ にもどす

$=(a+b-4)(a+b-5)$

(2) (与式)$=\{(x+1)(x+5)\}\{(x+2)(x+4)\}-4$ ←$(x+1)(x+2)(x+4)(x+5)-4$

$=(x^2+6x+5)(x^2+6x+8)-4$

$x^2+6x=A$ とおくと

$=(A+5)(A+8)-4$

$=A^2+13A+40-4=(A+9)(A+4)$

$=(x^2+6x+9)(x^2+6x+4)$

$=(x+3)^2(x^2+6x+4)$

(右上の説明)
$\overbrace{}^{x^2+6x+5}$
$(x+1)(x+2)(x+4)(x+5)-4$
$\underbrace{}_{x^2+6x+8}$

どの項の組合せが，おきかえ
に適するかを考える。

考え方 【同じ項がある式，複雑な式はおきかえを考えよう】

・因数分解でも，展開でも同じ項があったら1つの文字
（例えば A）におきかえた式をかくと，一気に見易く
なります。

・一度展開してから，おきかえるときは，次に出てくる
展開式が point になります。

おきかえと次の
展開を考えましょう

複雑な式の因数分解 ➡
・2つの項を1つにまとめて A とおく。
・始めの展開の組合せは，次のおきかえを考
えて。

練習5 次の式を因数分解せよ。

(1) $(2x^2+x-12)(2x^2+x-13)-6$ 〈順天堂大医療看〉

(2) $(x-1)(x-3)(x-5)(x-7)+15$ 〈旭川大保健福祉〉

(3) $(x+y+z)(x+3y+z)-8y^2$ 〈北都保健福祉専〉

(4) $(x+y+z+1)(x+1)+yz$ 〈千葉県立鶴舞看専〉

6 無理数の計算

次の □ の中に適する値を入れよ。

$$\frac{1}{2-\sqrt{3}}+\frac{\sqrt{3}+1}{\sqrt{3}-1}=\boxed{}+\boxed{}\sqrt{\boxed{}}$$

解

$$\frac{1}{2-\sqrt{3}}+\frac{\sqrt{3}+1}{\sqrt{3}-1}$$

$$=\frac{2+\sqrt{3}}{(2-\sqrt{3})(2+\sqrt{3})}+\frac{(\sqrt{3}+1)^2}{(\sqrt{3}-1)(\sqrt{3}+1)}$$

$$=\frac{2+\sqrt{3}}{4-3}+\frac{4+2\sqrt{3}}{3-1}$$

$$=2+\sqrt{3}+\frac{\overset{1}{\cancel{2}}(2+\sqrt{3})}{\cancel{2}}$$

$$=\boxed{4}+\boxed{2}\sqrt{\boxed{3}}$$

← 無理数の計算では，必ず
分母を有理化して計算する。

← 分子を共通因数でくくっ
てから約分する。

これは誤り
$$\frac{\overset{2}{\cancel{4}}+2\sqrt{3}}{\cancel{2}}=2+2\sqrt{3}$$

考え方

【分母に √ のある計算は，まず有理化】

・分母を √ のない有理数にすることを有理化
といいます。

・有理化をするには次の展開公式を使います。

$$(a+b)(a-b)=a^2-b^2$$

(例) $(\sqrt{5}+\sqrt{3})(\sqrt{5}-\sqrt{3})=(\sqrt{5})^2-(\sqrt{3})^2$
　　　└‥‥異符号‥‥┘　　 $=5-3=2$

分母に無理数が
あっては，
計算できませんよ

$$\frac{1}{\sqrt{a}+\sqrt{b}}$$ を有理化するには ➡

分母，分子に掛ける

$$\frac{\sqrt{a}-\sqrt{b}}{(\sqrt{a}+\sqrt{b})(\sqrt{a}-\sqrt{b})}=\frac{\sqrt{a}-\sqrt{b}}{a-b}$$

異符号

練習6 (1) 次の式を有理化せよ。

(i) $\dfrac{\sqrt{6}+\sqrt{3}}{\sqrt{6}-\sqrt{3}}$ 〈大成学院大看〉 (ii) $\dfrac{4\sqrt{14}-3}{5\sqrt{2}+\sqrt{7}}$ 〈豊田地域看専〉

(2) 次の式を簡単にせよ。

(i) $\dfrac{1}{\sqrt{2}+\sqrt{3}}+\dfrac{1}{\sqrt{3}+2}$ 〈東海大健康科学看〉

(ii) $\dfrac{1}{2+\sqrt{3}}+\dfrac{2}{\sqrt{6}-2}-\dfrac{\sqrt{3}}{\sqrt{2}+1}$ 〈浦和学院看専〉

(iii) $\dfrac{6}{(\sqrt{7}-\sqrt{5})^2}+\dfrac{2}{(\sqrt{7}+\sqrt{5})^2}$ 〈高崎健康福祉大〉

7 $x+y=\bigcirc$, $xy=\square$ の対称式の計算

$x=\sqrt{3}+\sqrt{2}$, $y=\sqrt{3}-\sqrt{2}$ のとき，次の値を求めよ。

(1) $x+y$, xy　　　　(2) x^2+y^2　　　　(3) x^3+y^3 （数Ⅱ）

解

(1) $x+y=(\sqrt{3}+\sqrt{2})+(\sqrt{3}-\sqrt{2})=2\sqrt{3}$ 　　　←まず，$x+y$ と xy の値を求

$xy=(\sqrt{3}+\sqrt{2})(\sqrt{3}-\sqrt{2})=3-2=1$ 　　　める。

(2) $x^2+y^2=(x+y)^2-2xy$ 　　　←$(x+y)^2=x^2+2xy+y^2$ より

$\quad=(2\sqrt{3})^2-2\cdot1$ 　　　$x^2+y^2=(x+y)^2-2xy$

$\quad=12-2=\mathbf{10}$

(3) $x^3+y^3=(x+y)^3-3xy(x+y)$ 　　　←$(x+y)^3=x^3+3x^2y+3xy^2+y^3$ より

$\quad=(2\sqrt{3})^3-3\cdot1\cdot2\sqrt{3}$ 　　　$x^3+y^3=(x+y)^3-3x^2y-3xy^2$

$\quad=24\sqrt{3}-6\sqrt{3}=\mathbf{18\sqrt{3}}$ 　　　$=(x+y)^3-3xy(x+y)$

考え方

【x^2+y^2, x^3+y^3 の値は $x+y$ と xy で表して計算しよう】

x+y と xy で勝負ね

・$x+y$, xy を基本対称式といいます。

・x と y が与えられているとき，x^2+y^2, x^3+y^3 の値は $x+y$ と xy を計算して，次の変形式を使って求めます。

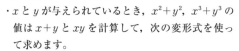

$x=\sqrt{a}+\sqrt{b}$, $y=\sqrt{a}-\sqrt{b}$ のとき

対称式の基本変形

和：$x+y=\bigcirc$，積：$xy=\square$ 　　・$x^2+y^2=(x+y)^2-2xy$

として，計算を進める 　　・$x^3+y^3=(x+y)^3-3xy(x+y)$ （数Ⅱ）

練習7 (1) $x=\dfrac{1}{\sqrt{5}+\sqrt{3}}$, $y=\dfrac{1}{\sqrt{5}-\sqrt{3}}$ のとき，次の値を求めよ。

(ⅰ) $x+y$, xy 　　　　(ⅱ) x^3y+xy^3 　　　〈鶴岡荘内看専〉

(2) $x=\sqrt{2}+1$, $y=\sqrt{2}-1$ のとき，$x^2+xy+y^2=\boxed{}$ であり，

$x^3+y^3=\boxed{}\sqrt{\boxed{}}$ である。 　　　〈京都橘大看〉

(3) $a^2+b^2=3$, $a+b=1$ のとき，$ab=\boxed{}$ であり，$a^3+b^3=\boxed{}$ である。

〈幾央大看〉

8 二重根号のはずし方

次の式の二重根号をはずして簡単にせよ。

(1) $\sqrt{5+2\sqrt{6}}+\sqrt{7-2\sqrt{12}}$　　(2) $\sqrt{11+6\sqrt{2}}$　　〈北海道医療大〉

解

(1) $\sqrt{5+2\sqrt{6}}+\sqrt{7-2\sqrt{12}}$

$=\sqrt{(3+2)+2\sqrt{3\times 2}}+\sqrt{(4+3)-2\sqrt{4\times 3}}$

$=(\sqrt{3}+\sqrt{2})+(\sqrt{4}-\sqrt{3})$

$=2+\sqrt{2}$

← $\sqrt{5+2\sqrt{6}}=\sqrt{(3+2)+2\sqrt{3\times 2}}$
　　　　　　　　　　　　和　　　　積

和が 5 積が 6 となる 2 数を見つける。

$\sqrt{7-2\sqrt{12}}=\sqrt{(4+3)-2\sqrt{4\times 3}}$
　　　　　　　　　　和　　　　積

和が 7 積が 12 となる 2 数を見つける。

(2) $\sqrt{11+6\sqrt{2}}$

$=\sqrt{11+2\sqrt{18}}$

$=\sqrt{(9+2)+2\sqrt{9\times 2}}$

$=\sqrt{9}+\sqrt{2}=3+\sqrt{2}$

← $6\sqrt{2}=2\sqrt{3^2\times 2}=2\sqrt{18}$

← $\sqrt{\bigcirc+2\sqrt{\bullet}}$ に変形する。
　　　　　この 2 が重要

考え方

【二重根号をはずすには $\sqrt{A+2\sqrt{B}}$ の形に】

・二重根号をはずす公式は，次のように導ける。

$(\sqrt{a}+\sqrt{b})^2=a+b+2\sqrt{ab}$ を逆にみて

$(a+b)+2\sqrt{ab}=(\sqrt{a}+\sqrt{b})^2$

両辺に $\sqrt{}$ をして 2 がとれる。

$\sqrt{(a+b)+2\sqrt{ab}}=\sqrt{a}+\sqrt{b}$

└ここに 2 がくるのがポイントです。

・$\sqrt{p+\sqrt{q}}$ の場合は $\sqrt{\dfrac{2p+2\sqrt{q}}{2}}$ として考えます。

和が $a+b$
積が ab で
ちょうどいいですね

二重根号 ➡ $\sqrt{(a+b)\pm 2\sqrt{ab}}=\sqrt{a}\pm\sqrt{b}$ $(a>b>0)$
　　　　　　　　　和　　積

この 2 が必ずくるように

練習 8　　(1) 次の二重根号をはずせ。

(i) $\sqrt{8+2\sqrt{15}}$　　　　(ii) $\sqrt{7-4\sqrt{3}}$　　　　(iii) $\sqrt{5+\sqrt{21}}$

〈三重県立看大〉　　　　〈宝塚市立看専〉

(2) $\sqrt{3+\sqrt{5}}+\sqrt{3-\sqrt{5}}$ の二重根号をはずし，簡単にせよ。

9 無理数の整数部分と小数部分

$2+\sqrt{7}$ の整数部分を a，小数部分を b とするとき，a，b を求めよ。
また，$ab+b^2$ の値を求めよ。　　　　　　　　　　　　　　〈江戸川看専〉

解

$\sqrt{4}<\sqrt{7}<\sqrt{9}$　より　$2<\sqrt{7}<3$　　　　←無理数を自然数で挟む。

両辺に 2 を加えて

　$4<2+\sqrt{7}<5$　　　　　　　　　　　　　　　　←$2+\sqrt{7}$ を自然数で挟む。

よって，整数部分は　$a=4$

小数部分は　$b=(2+\sqrt{7})-4$　　　　　　　←(小数部分)＝(もとの数)－(整数部分)

　　　　　　　$=\sqrt{7}-2$

また，$ab+b^2=b(a+b)$　　　　　　　　　　←そのまま代入すると

　　　　　　$=(\sqrt{7}-2)(4+\sqrt{7}-2)$　　　　　$4(\sqrt{7}-2)+(\sqrt{7}-2)^2$

　　　　　　$=(\sqrt{7}-2)(\sqrt{7}+2)$　　　　　　　$=4\sqrt{7}-8+11-4\sqrt{7}$

　　　　　　$=7-4=3$　　　　　　　　　　　　　　$=3$

考え方

【無理数の小数部分は，無理数を使って表す】

・$\dfrac{5}{4}=1.25=1+0.25$ となるから整数部分は 1，

　小数部分は 0.25 です。

・$\sqrt{3}=1.732\cdots=1+0.732\cdots$ の無理数では

　整数部分は 1 ですが，小数部分は次のように

　　$0.732\cdots=\sqrt{3}-1$

　と，無理数 $\sqrt{3}$ を使って表します。

まず，$\sqrt{b}$ を自然数で挟みましょう

小数部分は $\sqrt{}$ を使って表すんですか

$$n<\sqrt{b}<n+1 \longleftarrow \sqrt{b} \text{ を自然数で挟む}$$

整数部分 と 小数部分 $\Rightarrow$ $\sqrt{b}$ の $\begin{cases}\text{整数部分は }n \\ \text{小数部分は }\sqrt{b}-n\end{cases}$

$a+\sqrt{b}$ の $\begin{cases}\text{整数部分は }a+n \\ \text{小数部分は }\sqrt{b}-n\end{cases}$

練習9　(1)　$\dfrac{8}{\sqrt{5}+1}$ の整数部分を a，小数部分を b とする。このとき，$a=\boxed{}$，

$b=\boxed{}\sqrt{\boxed{}}-\boxed{}$，$a^2+4ab+b^2=\boxed{}$ となる。　〈関東学院大看〉

(2)　$\sqrt{11}$ の小数部分を a とするとき，$\dfrac{1}{a}$ の小数部分を求めよ。

〈杏林大医附看専〉

10 絶対値記号とそのはずし方

$P=|a|+|a-3|$ について，次の問いに答えよ。

(1) $a=2$ のとき，$P=\boxed{}$，$a=-6$ のとき，$P=\boxed{}$ である。

(2) $a\geqq 3$ のとき，$P=\boxed{}a-\boxed{}$，$0\leqq a<3$ のとき $P=\boxed{}$ となる。

〈徳島医福専〉

解

(1) $a=2$ のとき

$P=|2|+|2-3|=|2|+|-1|=2+1=\boxed{3}$

←絶対値の中が負のときは
　−を掛けて正にする。

$a=-6$ のとき

$P=|-6|+|-6-3|=|-6|+|-9|=6+9=\boxed{15}$

(2) $a\geqq 3$ のとき

$P=a+(a-3)=\boxed{2}a-\boxed{3}$

←$a\geqq 3$ のとき $a-3\geqq 0$
　だから $|a-3|=a-3$

$0\leqq a<3$ のとき

$P=a-(a-3)=\boxed{3}$

←$0\leqq a<3$ のとき
　$|a|=a$，
　$|a-3|=-(a-3)$

考え方

【絶対値記号は距離を表す記号】

・$|-5|$ は原点 O から -5 までの距離のことだから
$|-5|=-(-5)=5$ となります。

・$|a-3|$ は，a から 3 までの距離で，a の値で次のように表し方を変えなければなりません。

$a\geqq 3$ のとき
$|a-3|=a-3$

$a<3$ のとき
$|a-3|=-(a-3)$
　　　$=3-a$

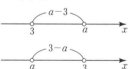

正のときと負のときに分けるんだ

$|a|$ はどうするの？

絶対値記号 ➡ $|a|\begin{cases} a\geqq 0 \text{ のとき（そのまま）} a \\ a<0 \text{ のとき（−をつけて）} -a \end{cases}$

練習10

(1) $|\sqrt{7}-3|+|\sqrt{5}-3|-|\sqrt{5}-\sqrt{7}|$ の値は $\boxed{}$ である。

〈相模原看専〉

(2) $-3\leqq x\leqq 2$ のとき，$|x+3|+|x-2|$ を簡単にすると $\boxed{}$ である。

〈熊本駅前リハ学院〉

(3) $A=|x-1|+2|x-2|=\begin{cases} -\boxed{}x+\boxed{} & (x<\boxed{}) \\ -x+\boxed{} & (\boxed{}\leqq x<\boxed{}) \\ \boxed{}x-\boxed{} & (\boxed{}\leqq x) \end{cases}$ となる。

〈椙山女学園大看〉

16

11 2次関数のグラフと移動

放物線 $y=2x^2-8x+5$ を x 軸方向に -4，y 軸方向に 5 だけ平行移動した放物線の方程式を求めよ。また，直線 $y=1$ に関して折り返した放物線の方程式を求めよ。　　　　　〈栃木県衛福大〉

解

$y=2x^2-8x+5$
　$=2(x-2)^2-3$　　頂点は $(2,-3)$
x 軸方向に -4，y 軸方向に 5 だけ平行移動すると，頂点は
$2-4=-2$，$-3+5=2$ より点 $(-2,2)$ に移る。
よって，$y=2(x+2)^2+2$
また，直線 $y=1$ に関して折り返すと
頂点 $(2,-3)$ は点 $(2,5)$ に移る。
よって，$y=-2(x-2)^2+5$

$\leftarrow$
$y=2(x^2-4x)+5$
　$=2\{(x-2)^2-4\}+5$
　$=2(x-2)^2-8+5$
　$=2(x-2)^2-3$

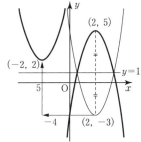

考え方

【放物線の移動は頂点の動きで考えよう】
・2次関数のグラフ，すなわち放物線の平行移動や対称移動は，頂点に着目して頂点の座標を求めるのがわかりやすい。
・x 軸や x 軸に平行な直線に関する対称移動では $y=ax^2+bx+c$ の x^2 の係数が $-a$ になるので注意です。

頂点の動きに注目！

放物線の
- 平行移動 → ・頂点が (p,q) にくれば $y=a(x-p)^2+q$ と表せる。
- 対称移動 → ・x 軸に平行な直線に関する対称移動では $y=-a(x-p)^2+q$（$-$ がつく）

練習11　(1)　放物線 $y=2x^2-4x-2$ のグラフを x 軸方向に 4，y 軸方向に -3 平行移動した放物線の方程式を求めよ。また，直線 $y=-1$ に関して折り返した放物線の方程式を求めよ。　　〈京都橘大看〉

(2)　放物線 $y=x^2+ax+b$ を x 軸方向に -3，y 軸方向に 5 だけ平行移動した放物線は $y=x^2+4x+6$ であった。このとき，$a=\boxed{}$，$b=\boxed{}$ である。　　〈福岡医健専〉

12 2次関数の最大・最小

(1) x の値の範囲を $-1 \leqq x \leqq 2$ とするとき，関数 $y = x^2 - 1$ の最大値は ☐ であり，最小値は ☐ である。

(2) 2次関数 $f(x) = -x^2 + 6x + c$ $(1 \leqq x \leqq 4)$ の最小値が -2 であるとき，c の値を求めよ。 〈函館厚生院看専〉

解 (1) 定義域の $-1 \leqq x \leqq 2$ に注意して，グラフをかく。右図より

$x = 2$ のとき　最大値 3

$x = 0$ のとき　最小値 -1

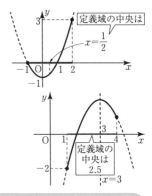

(2) $f(x) = -(x-3)^2 + 9 + c$ と変形

定義域が $1 \leqq x \leqq 4$ で，グラフの軸が $x = 3$ なので，右のグラフより

$x = 1$ で最小値をとる。

よって，$f(1) = -1 + 6 + c = -2$ より $c = -7$

考え方 【2次関数の最大・最小は定義域の中央とグラフの軸の位置を確認しよう】

・定義域の制限がない場合は，グラフの頂点で，最大または最小になる。

・定義域に制限がある場合は，次のように軸が定義域の中央より，右か左かによって異なる。

グラフの軸はどこにありましたか？

2次関数
$y = a(x-p)^2 + q$
の軸の位置とグラフ ➡

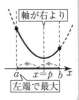

練習12 (1) 次の2次関数について，(i)は最大値を，(ii)は最大値と最小値を求めよ。

(i) $y = -\dfrac{1}{2}x^2 + x + 1$ 〈函館厚生院看専〉

(ii) $y = 2x^2 - 3x + 2$ $(-1 \leqq x \leqq 2)$ 〈北海道医療大〉

(2) 2次関数 $y = 2x^2 - 8x + c$ $(-1 \leqq x \leqq 4)$ について以下の問いに答えよ。

(i) 最大値が 6 であるとき，$c = $ ☐ である。

(ii) 最大値と最小値の差を d とするとき，$d = $ ☐ である。

〈広島市立看専〉

13　2次関数の決定

グラフが次の条件を満たす2次関数を求めよ。

(1)　点 $(1, -2)$ を頂点とし，点 $(3, -6)$ を通る。　　〈東京都立看専〉

(2)　x^2 の係数が1，軸が $x=-3$，点 $(-1, 8)$ を通る。

解

(1)　頂点が $(1, -2)$ だから

　　$y=a(x-1)^2-2$　とおける。

　　点 $(3, -6)$ を通るから　$-6=a(3-1)^2-2$

　　$4a=-4$ より $a=-1$

　　よって，$\boldsymbol{y=-(x-1)^2-2}$

←頂点がわかっているから

　$y=a(x-p)^2+q$

の式を使う

(2)　x^2 の係数が1，軸が $x=-3$ だから

　　$y=(x+3)^2+q$　とおける。

　　点 $(-1, 8)$ を通るから　$8=(-1+3)^2+q$

　　よって，$q=4$ より $\boldsymbol{y=(x+3)^2+4}$

←x^2 の係数 a と軸 $x=p$

　がわかっているから

　$y=a(x-p)^2+q$

　$\boxed{x^2 \text{の係数} 1}$　$\boxed{\text{軸 } x=-3}$

考え方

【2次関数の決定は式のおき方で決まる】

・条件を満たす2次関数を求めるには，そのおき方を条件により使い分けます。

・頂点，軸，最大値，最小値，x^2 の係数などの条件を次の式にあてはめて始めに式を立てます。

忘れないでください
いつも使います

診察券
$y=a(x-p)^2+q$

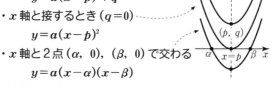

2次関数
の決定　➡

・頂点や軸が関係したら
　$y=a(x-p)^2+q$

・x 軸と接するとき $(q=0)$
　$y=a(x-p)^2$

・x 軸と2点 $(\alpha, 0)$，$(\beta, 0)$ で交わる
　$y=a(x-\alpha)(x-\beta)$

練習13　(1)　グラフが次の条件を満たす2次関数を求めよ。

(i)　$x=1$ のとき，最大値1をとり，原点を通る。　　〈滋賀県堅田看専〉

(ii)　x^2 の係数が1で点 $(1, 3)$，$(4, 3)$ を通る。　　〈高崎健康福祉大〉

(iii)　x 軸と2点 $(2, 0)$，$(4, 0)$ で交わり，点 $(0, 4)$ を通る。

〈東北労災看専〉

(2)　2次関数 $y=ax^2+a^2x+b$ が $x=-2$ で最小値1をとるとき，定数 a，b の値を求めよ。　　〈島田市立看専〉

14 ２次関数の決定と３元連立方程式

グラフが３点 $(1, -3)$, $(2, 4)$, $(-3, 9)$ を通るとき，その２次関数を求めよ。

解 $y = ax^2 + bx + c$ とおくと，３点を通るから

$$\begin{cases} a + b + c = -3 & \cdots\cdots① \\ 4a + 2b + c = 4 & \cdots\cdots② \\ 9a - 3b + c = 9 & \cdots\cdots③ \end{cases}$$

← $(1, -3)$ を代入
← $(2, 4)$ を代入
← $(-3, 9)$ を代入

←３元連立方程式をつくる。

②−①より

$3a + b = 7$ $\cdots\cdots④$

③−②より

$5a - 5b = 5$ $\cdots\cdots⑤$ $(a - b = 1)$

← c を消去して a, b の２元連立方程式にする。

④と⑤を解いて

$a = 2$, $b = 1$,

①に代入して，$c = -6$

よって，$\boldsymbol{y = 2x^2 + x - 6}$

考え方

【グラフが３点を通る２次関数の決定は
$y = ax^2 + bx + c$ とおき，３元連立方程式に】

・$y = ax^2 + bx + c$ とおいて，３点を代入すると a, b, c の３元連立方程式ができます。

・３元連立方程式は１つの文字をターゲットにして消去し，２元連立方程式にして解きます。

c の係数は１なので消去しやすいですよ

２次関数の決定 ➡

グラフが３点 $(○, ●)$, $(□, ■)$, $(△, ▲)$
を通る２次関数
$y = ax^2 + bx + c$ とおいて代入
a, b, c の３元連立方程式を解く

練習14 グラフが次の３点を通る２次関数を求めよ。

(1) $(0, -2)$, $(1, 3)$, $(2, 10)$ 〈沼津看専〉

(2) $(1, 15)$, $(-1, -3)$, $(-3, 3)$ 〈自治医大看〉

(3) $(1, 4)$, $(-2, 1)$, $(-3, 8)$ 〈大成学院大看〉

15 ２次方程式（$ax^2+bx+c=0$）の解

２次方程式 $5x^2-6x-1=0$ を解け。　　　〈慈恵第三看専〉

解
$$x=\frac{-(-6)\pm\sqrt{(-6)^2-4\cdot5\cdot(-1)}}{2\cdot5}$$
$$=\frac{6\pm\sqrt{36+20}}{10}=\frac{6\pm\sqrt{56}}{10}$$
$$=\frac{6\pm2\sqrt{14}}{10}=\frac{3\pm\sqrt{14}}{5}$$

$$\Leftarrow 5\underset{a}{x^2}-\underset{b}{6x}-\underset{c}{1}=0$$
$$x=\frac{-b\pm\sqrt{b^2-4ac}}{2a}$$
の公式に代入。

別解
$$x=\frac{-(-3)\pm\sqrt{(-3)^2-5\cdot(-1)}}{5}$$
$$=\frac{3\pm\sqrt{9+5}}{5}$$
$$=\frac{3\pm\sqrt{14}}{5}$$

$$\Leftarrow 5x^2+2\cdot(-3)x-1=0$$
$$ax^2+2b'x+c=0$$
$$x=\frac{-b'\pm\sqrt{b'^2-ac}}{a}$$
の公式に代入。

考え方

【$ax^2+2b'x+c=0$ の解を求めるには，次の公式を使おう】

・x の係数が２の倍数のとき，右のように公式が導かれます。

・この公式を使うと，計算量が少なく，ミスもなくなり，そのメリットは大きいのです。

$ax^2+2b'x+c=0$ の解
$$x=\frac{-2b'\pm\sqrt{(2b')^2-4ac}}{2a}$$
$$=\frac{-2b'\pm2\sqrt{b'^2-ac}}{2a}$$
$$=\frac{-b'\pm\sqrt{b'^2-ac}}{a}$$

先生！ $2b'$ を使えば簡単ですよ

２次方程式 の 解の公式 ➡
$$ax^2+bx+c=0$$
$$x=\frac{-b\pm\sqrt{b^2-4ac}}{2a}$$

x の係数が２の倍数のとき
$$ax^2+2b'x+c=0$$
$$x=\frac{-b'\pm\sqrt{b'^2-ac}}{a}$$

練習15　次の２次方程式を解け。

(1) $6x^2-x-12=0$　　　〈東京都済生会看専〉

(2) $3x^2+4x+1=3x+2$　　　〈滋賀県堅田看専〉

(3) $2x^2+5x-2=0$　　　〈鹿屋市立看専〉

(4) $3x^2+4x-2=0$　　　〈日本医大看専〉

16 2次方程式と判別式

> 2次方程式 $x^2+(m+1)x+2m-1=0$ が重解をもつように，定数 m の値を定めよ。また，そのときの重解を求めよ。 〈京都市立看短〉

解

$x^2+(m+1)x+2m-1=0$ の判別式 D は ←解の公式を使って求めると

$D=(m+1)^2-4\cdot1\cdot(2m-1)$

$\qquad =m^2-6m+5=(m-1)(m-5)$

重解をもつとき

$D=(m-1)(m-5)=0$ より $m=1,\ 5$

$\qquad m=1$ のとき，$x^2+2x+1=0$

$\qquad\qquad (x+1)^2=0$ より $x=-1$

$\qquad m=5$ のとき，$x^2+6x+9=0$

$\qquad\qquad (x+3)^2=0$ より $x=-3$

よって，$m=1$ このとき重解は $x=-1$

$\qquad\qquad m=5$ このとき重解は $x=-3$

$x=\dfrac{-(m+1)\pm\sqrt{(m+1)^2-4(2m-1)}}{2}$

となり，この部分が D になる。

←$m=1,\ 5$ をもとの2次方程式に代入して，解を求める。

考え方

【判別式 $D=b^2-4ac$ は解の公式の $\sqrt{\ }$ の中】

・判別式は解の公式 $x=\dfrac{-b\pm\sqrt{b^2-4ac}}{2a}$ の

$\sqrt{\ }$ の中の式，すなわち b^2-4ac のことです。

・この値を $D=b^2-4ac$ とし，$D>0$，$D=0$，$D<0$ によって，解は次のように分類されます。2次関数のグラフとの関係でも重要です。

よし重解だ！

この2次方程式は $D=0$ です

$ax^2+bx+c=0$ において，$D=b^2-4ac$ を判別式という

$\qquad D>0$ のとき 異なる2つの実数解 ⎫ 実数解
$\qquad D=0$ のとき 重解 ⎭

$\qquad D<0$ のとき 実数解はない ……… 虚数解（数Ⅱ）

練習16　(1)　2次方程式 $3x^2-6x+m^2=0$ が実数解をもつとき，定数 m の値の範囲を求めよ。 〈三友堂看専〉

(2)　2次方程式 $2x^2-(a-3)x-2a=0$ が重解をもつとき，定数 a の値を求めよ。また，そのときの重解を求めよ。 〈杏林大医附看専〉

(3)　2次方程式 $x^2+mx-4m=0$ が実数解をもたないような m の値の範囲を求めよ。 〈泉州看専〉

17 2次関数のグラフと判別式

2次関数 $y=x^2+(a-3)x-a+6$ のグラフが x 軸と異なる2点で
交わるならば，$a<\boxed{}$ または $a>\boxed{}$ である。　〈山梨県立看〉

解　$y=x^2+(a-3)x-a+6=0$　として
判別式 D をとると

$D=(a-3)^2-4\cdot1\cdot(-a+6)$

$\quad=a^2-6a+9+4a-24$

$\quad=a^2-2a-15$

2点で交わるのは $D>0$ のときだから

$D=a^2-2a-15=(a+3)(a-5)>0$

よって，$a<-3$ または $a>5$

◆ x 軸との共有点は $y=0$
としたときの実数解

◆ $\begin{cases} D>0\cdots\cdots交わる \\ D=0\cdots\cdots接する \\ D<0\cdots\cdots共有点はない \end{cases}$

考え方

【$y=ax^2+bx+c$ のグラフと x 軸との共有
点の個数は判別式 $D=b^2-4ac$ で】

・2次関数 $y=ax^2+bx+c$ $(a>0)$ の頂点は

$y=a\left(x+\dfrac{b}{2a}\right)^2-\dfrac{b^2-4ac}{4a}$ より

$\left(-\dfrac{b}{2a},\ -\dfrac{b^2-4ac}{4a}\right)$ となります。

・ここで，b^2-4ac を判別式といい D とすると，
頂点の y 座標は $D>0$ のとき負，$D=0$ のと
き 0，$D<0$ のとき正となり，x 軸との関係
は次のようになります。

これは困った…

判別式検査
$D=-5<0$
解はない

$y=ax^2+bx+c$
のグラフと判別式 D ➡
$(D=b^2-4ac)$

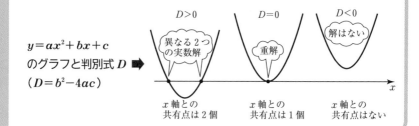

$D>0$　異なる2つ
の実数解　　x 軸との
共有点は2個

$D=0$　重解　　x 軸との
共有点は1個

$D<0$　解はない　　x 軸との
共有点はない

練習17　(1)　2次関数 $y=(a-1)x^2+2ax+a-2$ のグラフが x 軸と共有点をも
たないとき，定数 a の値の範囲は $\boxed{}$ である。　〈宝塚市立看専〉

(2)　2次関数 $y=x^2+mx+m+3$ のグラフが x 軸と接するとき，接点の座
標を求めよ。ただし，m は正とする。　〈函館厚生院看専〉

18 1次不等式の解法

次の不等式を解け。

(1)　$4x-3 \leqq 7x+9$　〈野田看専〉　(2)　$\begin{cases} 5x-3 \geqq 7 \\ 3(x-2) < 2x-3 \end{cases}$　〈北里看専〉

解

(1)　$4x-3 \leqq 7x+9$
　　　$-3x \leqq 12$　　　　　　　　←方程式と同様に移項する。
　　　よって，$x \geqq -4$　　　　　←-3で割るから不等号の向きが反対になる。

(2)　$5x-3 \geqq 7$　より　　　　　　$3(x-2) < 2x-3$　より
　　　$5x \geqq 10$　　　　　　　　　　$3x-6 < 2x-3$
　　　よって，$x \geqq 2$　……①　　よって，$x < 3$　……②
　　　①，②の共通範囲は
　　　$2 \leqq x < 3$

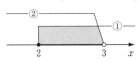

考え方

【1次不等式の注意点】
・不等式を解くときの式変形は方程式と同じです。

　ただし，$\begin{Bmatrix} 両辺を負の数で割ったり \\ 両辺に負の数を掛けたり \end{Bmatrix}$したときは

　不等号 $>$，$<$ の向きが変わるので注意しよう。
・連立された不等式では，それぞれの解を数直線上
　に表すとわかりやすいです。

向きを変えると
楽ですよ

　　　　　　　　　　　　　　　向きが変わる
1次不等式はここに注意　➡　$-6x \geqq -18$　……　$x \leqq \dfrac{-18}{-6} = 3$
　　　　　　　　　　　　　　　負の数で割ると

練習18　(1)　次の不等式を解け。

(i)　$6x-7 \leqq 8x-1$　　(ii)　$\dfrac{5x-3}{4} \geqq 3-x$　　(iii)　$\dfrac{-2x+6}{3} > \dfrac{3-x}{4}$

〈昭和医大附看専〉　　　〈南奈良看専〉　　　　〈奈良市立看専〉

(2)　次の連立不等式を解け。

(i)　$\begin{cases} 5x+4 > 3x+8 \\ 7x-6 \leqq 5x+4 \end{cases}$　(ii)　$\begin{cases} 8x-6 \leqq 2(x+6) \\ 3x-5 > 6x-8 \end{cases}$　(iii)　$\begin{cases} 3x+9 \geqq 5x+2 \\ -8x-13 \leqq 7x+14 \end{cases}$

〈東海大健康科看〉　　　〈神奈川衛生看専〉　　　〈豊田地区看専〉

19 1次不等式の解と数直線

連立不等式 $\begin{cases} 7x-6<4x+3 & \cdots\cdots① \\ 3x+2>2x+a & \cdots\cdots② \end{cases}$ を満たす整数 x がちょうど

2個存在するような定数 a の値の範囲を求めよ。

解　①の解は　$7x-6<4x+3$

$3x<9$　より　$x<3$　$\cdots\cdots①$

　②の解は　$3x+2>2x+a$　より

　　$x>a-2$　$\cdots\cdots②$

← ①，②の解を求める。

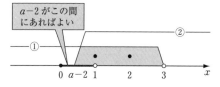

$a-2$ がこの間にあればよい

上図のように①，②が1，2を含めばよい。

よって，$0\leqq a-2<1$　より　$2\leqq a<3$

← 数直線上で $a-2$ の位置を考えながら範囲を押える。

← $a=2$ のとき $0<x<3$ となり1，2を含む。

考え方

【不等式の解は数直線上に表して考えよう】

・不等式の解は方程式の解とちがって，解が見えにくいので数直線上に表して視覚化しよう。

・特に，不等式を満たす整数解や，その個数を求めるのに有効です。

・また，解の両端の不等号に＝が入るのか，入らないのかも注意してください。

数直線で表していれば…

不等式・連立不等式の解　➡

・数直線上に解を表す

・整数解は両端の＝に注意！

練習19　(1) (i) 不等式 $5x-8<x+1<2x+3$ を満たす整数 x をすべて求めよ。

　　(ii) 不等式 $-2x+16<6x<2x+a$ を満たす整数 x が1個になるように整数 a の値の範囲を求めよ。　〈函館厚生院看専〉

　(2) 連立不等式 $\begin{cases} 3x-7\geqq 5x-8 \\ 4x+1<7x-a \end{cases}$ を満たす整数がちょうど3個存在するような定数 a の値の範囲を定めよ。　〈杏林大医附看〉

20 1次不等式の文章題

> 60円と100円のアイスを合わせて20個買い，支払い合計を1500円
> 以下にしたい。このとき，100円のアイスは□個買うことができ，
> そのときの支払いは□円となる。　　　　　　〈東京済生会看専〉

解　　100円のアイスを x 個買うとすると
　　　60円のアイスは $(20-x)$ 個買うことになる。
　　　　これらの合計金額は
　　　　　　$100 \times x + (20-x) \times 60 = 40x + 1200$ （円）
　　　　1500円以下にするから
　　　　　　$40x + 1200 \leqq 1500$
　　　　　　$40x \leqq 300$　　　ゆえに，$x \leqq 7.5$
　　　　よって，100円のアイスは **7** 個まで買うことができる。
　　　このときの支払い金額は
　　　　　　$100 \times 7 + (20-7) \times 60 = 700 + 780 = \mathbf{1480}$ （円）

◆求めるものを x とする。
◆合わせて20個であるか
　ら $20-x$ 個となる。
◆合計金額を式にする。
◆どんな条件を満たせばよ
　いかを確認する。

考え方　【1次不等式の文章題】
・文章題では，全体の内容を漠然と読むので
　はなく，1つ1つの内容を細かく分解して
　把握しましょう。
・まず，求めるものを x とおいて，x を使って
　表せるものを考えてみます。
・次に，x の条件（制限）を確認して，不等式
　をつくります。

細かく分けて
見ますよ

1次不等式の文章題 **➡** 求めるものを x として，式を考える。
　　　　　　　　　　　全体の内容はできるだけ細分化する。

練習20　（1）　1個120円のシュークリームと1個80円のプリンを合わせて30個
　　　　買い，100円の箱に詰めてもらう。箱代を含めた合計金額を3000円以下に
　　　　するとき，シュークリームは最大何個買えるか。　　　　〈福岡医師会看専〉
　　（2）　12％の食塩水100gがある。次の問いに答えよ。
　　　（i）　塩を加えて20％以上にしたい。加える食塩の量は何g以上にすればよ
　　　　いか。
　　　（ii）　水を加えて8％以上10％以下としたい。加える水の量は何g以上何g
　　　　以下にすればよいか。　　　　　　　　　　　　　　　〈広島市立看専〉

21 2次不等式の解法

次の2次不等式を解け。

(1) $x^2-3x-10>0$　　(2) $x^2-4x-3<0$　　(3) $x^2-4x+5>0$

解

(1) $x^2-3x-10>0$

$(x+2)(x-5)>0$

よって，$x<-2,\ 5<x$

←因数分解できるから因数分解をして解く。

(2) $x^2-4x-3<0$

$x^2-4x-3=0$ の解は

$x=2\pm\sqrt{7}$

よって，$2-\sqrt{7}<x<2+\sqrt{7}$

←因数分解できないから解の公式で解を求めて解く。

(3) $x^2-4x+5>0$

$x^2-4x+5=(x-2)^2+1$

$(x-2)^2\geqq0$　だから　$(x-2)^2+1>0$

よって，すべての実数

←$x^2-4x+5=0$ の判別式は $D=(-4)^2-4\cdot1\cdot5=-4<0$ 実数解をもたないときは平方完成するとよい。

考え方

【2次不等式は（左辺）$=0$ とおいて，2次方程式の解を求める】

・異なる2つの実数解が出てくれば，次の公式に従って解を求めればよい。

・重解や実数解をもたないときは，(3)のように（　）^{2} をつくることをすすめます。

2次不等式は $D\leqq0$ のときやっかいね

(i) $ax^2+bx+c=0\ (a>0)$ が異なる2つの実数解 $\alpha,\ \beta\ (\alpha<\beta)$ をもつとき

➡

$ax^2+bx+c>0$ $x<\alpha,\ \beta<x$	$ax^2+bx+c<0$ $\alpha<x<\beta$

(ii) 実数解をもたない ⎫ のとき ➡ （左辺）$=($　$)^2+$　 に変形する
　　　重解　　　　　　⎭

―（実数）$^2\geqq0$ はよく使う！

平方完成　0以上

練習21 (1) 次の2次不等式を解け。

(i) $x(x-4)<12$　〈町田市立看専〉　　(ii) $-x^2+2x+1>0$　〈東京都立看専〉

(iii) $x^2-4x+7>0$　〈一宮市中央看専〉　　(iv) $x^2+9<6x$　　〈獨協医大附看専〉

(2) 2次不等式 $x^2-2x-32<0$ を満たす自然数は全部で □ 個ある。

〈広島市立看専〉

22 連立不等式

連立不等式 $\begin{cases} x^2-2>0 \\ 2x^2+x-6\leqq0 \end{cases}$ を解け。

解

$x^2-2>0$ の解は

$(x+\sqrt{2})(x-\sqrt{2})>0$ より

$x<-\sqrt{2}$, $\sqrt{2}<x$ ……①

$2x^2+x-6\leqq0$ の解は

$(x+2)(2x-3)\leqq0$ より

$-2\leqq x\leqq\dfrac{3}{2}$ ……②

これは誤り
$x^2-2>0$
$x^2>2$
$x>\pm\sqrt{2}$

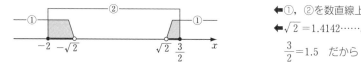

よって，$-2\leqq x<-\sqrt{2}$, $\sqrt{2}<x\leqq\dfrac{3}{2}$

←①，②を数直線上に表す。

←$\sqrt{2}=1.4142\cdots\cdots$,

$\dfrac{3}{2}=1.5$ だから

$\sqrt{2}<\dfrac{3}{2}$ である。

考え方

【連立不等式は，解の大小関係に注意して２つの解を数直線上に図示する】

・２つの不等式の解を正しく求めるのは当たり前です。ここで間違ったら終わりです。

・求めた解は数直線上に図示して解の範囲を確認します。このとき，数直線上の大小関係を誤らないように。

しっかり見てください

連立不等式の解 ➡

・２つの不等式の解を求める。

・求めた解の範囲を数直線上に図示する。

・数直線上の大小関係を間違えない。

練習22 (1) 次の連立方程式を解け。

(i) $\begin{cases} x^2-2\leqq-6x \\ 3x+2>-x-2 \end{cases}$ 〈戸田看専〉 (ii) $\begin{cases} x^2-x-30<0 \\ x^2-x-6>0 \end{cases}$ 〈津島市立看専〉

(2) ２次不等式 $x^2+6x-8\leqq0$ を満たす整数 x は ▢ 個である。これらの整数のうち，２次不等式 $6x^2+7x-5\geqq0$ を満たすものは ▢ 個である。

〈東海大看〉

23 すべての x で $ax^2+bx+c>0$ が成り立つ条件

すべての実数 x に対して，$ax^2+2x+a>0$ が成り立つような a の値の範囲を求めよ。 〈日本医大看専〉

解 x^2 の係数が正かつ $D<0$ ならばよい。

x^2 の係数が正より $a>0$ ……①

$D<0$ より $D=4-4a^2<0$

$a^2-1>0$

$(a+1)(a-1)>0$

$a<-1,\ 1<a$ ……②

①，②の共通範囲だから

←グラフが下に凸で，x 軸と共有点をもたない条件

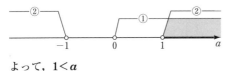

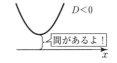

よって，$1<a$

考え方

【$ax^2+bx+c>0$ $(a \neq 0)$ がすべての実数 x で成り立つ条件は，グラフを考える】

・2次不等式 $ax^2+bx+c>0$ がすべての実数で成り立つ条件を $y=ax^2+bx+c$ のグラフで考えてみよう。

・条件が成り立つためには，そのグラフが下に凸で $(a>0)$，x 軸より上側にある。すなわち，x 軸と交わらなければよいのです。

すべての x で成り立つ ／ 任意の x で成り立つ 同じ意味です

すべての実数 x で2次不等式 $ax^2+bx+c>0$ が成り立つ条件は

➡ $y=ax^2+bx+c$ のグラフを考えて $a>0$ かつ $D=b^2-4ac<0$

グラフが下に凸である条件 ／ グラフが x 軸と交わらない条件

練習23 (1) すべての実数に対して不等式 $x^2-x \geqq mx-1$ が成立するような定数 m の範囲は □ である。 〈藤田保衛大看〉

(2) x についての2次不等式 $kx^2+(k+3)x+k>0$ の解が，すべての実数となるように，定数 k の値の範囲を定めよ。 〈鹿屋市立看専〉

24 2次関数のグラフと x 軸との交点の位置

関数 $y=x^2-2ax-a+6$ のグラフが x 軸の正の部分と異なる2点で交わるように定数 a の値の範囲を定めよ。 〈野田看専〉

解 $y=f(x)=x^2-2ax-a+6$ とおくと $y=f(x)$ のグラフが右のようになればよいから，次の(i), (ii), (iii)を満たせばよい。

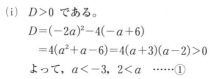

(i) $D>0$ である。
$$D=(-2a)^2-4(-a+6)$$
$$=4(a^2+a-6)=4(a+3)(a-2)>0$$
よって，$a<-3,\ 2<a$ ……①

(ii) 軸 $x=a$ が $x=0$ より右にある。
よって，$a>0$ ……②

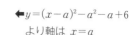
← $y=(x-a)^2-a^2-a+6$
より軸は $x=a$

(iii) $f(0)>0$ である。
$f(0)=-a+6>0$ よって $a<6$ ……③

①，②，③の共通範囲だから

$2<a<6$

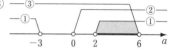

考え方 【2次関数のグラフは3つの要素で決定】
・x 軸と交わる条件は $D>0$ です。
・2つの交点が $x=\alpha$ より右にあれば
　$\alpha<(軸)$ と $f(\alpha)>0$
　($x=\alpha$ より左にあれば $(軸)<\alpha$)

3つ一緒に飲んでください

α より大きな異なる2つの解をもつ	α より小さな異なる2つの解をもつ	α より大きな解と小さな解をもつ

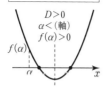
$D>0$
$\alpha<(軸)$
$f(\alpha)>0$

$D>0$
$(軸)<\alpha$
$f(\alpha)>0$

$f(\alpha)<0$
だけでよい。

練習24 (1) 2次関数 $y=x^2+2ax+a^2+a-12$ のグラフを G とする。G が x 軸の負の部分と異なる2点で交わるような a の値の範囲は ☐$<a<$☐ である。 〈慈恵第三看専〉

(2) 2次方程式 $x^2-ax+a^2-7=0$ が1より大きい解と小さい解をもつように，定数 a の値の範囲を定めよ。 〈東京都立看専〉

25 絶対値を含む方程式・不等式

次の方程式，不等式を解け。
(1) $|x-2|=3$ (2) $|2x-1|\leqq5$ (3) $|x+3|>6$

解

(1) $|x-2|=3$ より $x-2=\pm3$
$x-2=3$ より $x=5$
$x-2=-3$ より $x=-1$
よって，$x=5$，-1

(2) $|2x-1|\leqq5$ より
$-5\leqq2x-1\leqq5$
$-4\leqq2x\leqq6$
よって，$-2\leqq x\leqq3$

(3) $|x+3|>6$ より
$x+3<-6$，$6<x+3$
$x+3<-6$ より $x<-9$
$6<x+3$ より $3<x$
よって，$x<-9$，$3<x$

(1)の 別解
（定義に従って絶対値をはずす方法）
(i) $x\geqq2$ のとき
$x-2=3$ より $x=5$
これは $x\geqq2$ を満たす。
(ii) $x<2$ のとき
$-(x-2)=3$ より $x=-1$
これは $x<2$ を満たす。
(i)，(ii)より $x=5$，-1

考え方

【$|ax+b|\geqq c$ は場合分けしないで解く】
・絶対値| |のついた方程式，不等式で，例題のように式全体に| |がある式では **解** のように| |をはずして解くことができます。
・一般的な方法としては，別解で示したように場合分けをして解きます。(p.15 例題10 参照)

絶対値| |のはずし方 ➡ $|A|=r \iff A=\pm r$
$|A|<r \iff -r<A<r$
$|A|>r \iff A<-r,\ r<A$

練習25 (1) 次の方程式，不等式を解け。
(i) $|2x-1|=\sqrt{2}$ (ii) $|2x-5|>9$ (iii) $|3-2x|\leqq5$
〈三重看専〉 〈泉州看専〉 〈東京都済生会看専〉

(2) 次の方程式，不等式を解け。
(i) $|4x-3|=x+5$ 〈津島市立看専〉 (ii) $|3x-6|<x+1$ 〈関西福祉大〉

26 集合と集合の要素

全体集合 $U=\{1,\ 2,\ 3,\ 4,\ 5,\ 6,\ 7,\ 8,\ 9\}$ の部分集合 A, B について，$A=\{2,\ 3,\ 4,\ 6\}$，$B=\{1,\ 2,\ 4,\ 7,\ 8\}$ のとき，次の集合を求めよ。

(1) $A\cup B$　　(2) $\overline{A}$　　(3) $\overline{A}\cap\overline{B}$　　(4) $\overline{A}\cup\overline{B}$

解 集合 A, B をベン図で表すと次のようになる。

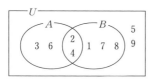

←ベン図に要素をかき込むとき，始めに $A\cap B$ の要素をかくといい。

(1) $A\cup B=\{1,\ 2,\ 3,\ 4,\ 6,\ 7,\ 8\}$
(2) $\overline{A}=\{1,\ 5,\ 7,\ 8,\ 9\}$
(3) $\overline{A}\cap\overline{B}=\overline{A\cup B}$ だから
　　$\overline{A}\cap\overline{B}=\{5,\ 9\}$
(4) $\overline{A}\cup\overline{B}=\overline{A\cap B}$ だから
　　$\overline{A}\cup\overline{B}=\{1,\ 3,\ 5,\ 6,\ 7,\ 8,\ 9\}$

ド・モルガンの法則

考え方 【集合の要素はベン図をかいて求める】
・集合の要素を求める問題では，ベン図をかいて調べるのが明快です。
・要素をかくとき，$A\cap B$ からかき始め，それから，残りの集合の要素をかくとよいでしょう。

集合の要素の問題 ➡ ベン図 に要素をかき込む $A\cap B$ をまずかく

練習26 (1) 全体集合 $U=\{1,\ 2,\ 3,\ 4,\ 5,\ 6,\ 7,\ 8,\ 9\}$ の部分集合 A と B を，$A=\{3,\ 4,\ 7,\ 9\}$，$B=\{1,\ 3,\ 6,\ 8,\ 9\}$ とする。このとき，$\overline{A}=\boxed{\ \ }$，$\overline{B}=\boxed{\ \ }$ となる。また，$\overline{A}\cap\overline{B}=\boxed{\ \ }$，$\overline{A}\cup\overline{B}=\boxed{\ \ }$ となる。
〈東京都済生会看専〉

(2) 自然数を要素とする2つの集合 $A=\{1,\ a,\ a+b\}$ と $B=\{a,\ 2b,\ 4\}$ について，$A\cap B=\{3,\ 4\}$ であるとき，a と b を求めよ。　〈静岡市立静岡看専〉

27 集合の要素の個数

100以下の自然数のうち，次の条件を満たす数の個数を求めよ。
(1) 2の倍数　　　　　　　(2) 3の倍数
(3) 2でも3でも割り切れない数　　　　　　　〈横浜市大医附高看〉

解　$A=\{2の倍数\}$，$B=\{3の倍数\}$とすると

(1) $100\div2=50$
　　よって，$n(A)=\mathbf{50}$

←100を2で割った商が個数になる。

(2) $100\div3=33$あまり1
　　よって，$n(B)=\mathbf{33}$

←100を3で割った商が個数になる。

(3) $n(\overline{A}\cap\overline{B})=n(\overline{A\cup B})=n(U)-n(A\cup B)$
　　ここで，$n(U)=100$
　　$A\cap B$は6の倍数だから
　　$100\div6=16$あまり4より　$n(A\cap B)=16$
　　$n(A\cup B)=n(A)+n(B)-n(A\cap B)$
　　　　　　　$=50+33-16=67$
　　よって，$n(\overline{A}\cap\overline{B})=100-67=\mathbf{33}$

←2かつ3の倍数は6の倍数
100を6で割った商が個数になる。

考え方　【集合の要素の個数は，2つの集合A，Bの関係式に代入しよう】

・自然数の倍数など，集合の要素の個数を数え上げるにもベン図を使って，どの部分の個数を求めればよいか確認してから求めます。
・次の集合の関係式は必ず使うと考えてよいでしょう。

$n(A)-n(A\cap B)$　　$n(B)-n(A\cap B)$

集合の要素の個数
$n(A\cup B)=n(A)+n(B)-n(A\cap B)$
$(a+b+p)=(a+p)+(b+p)-p$

練習**27**　100以上200以下の整数のうち，3でも4でも割り切れる数は $\boxed{}$ 個あり，3でも4でも割り切れない数は $\boxed{}$ 個ある。　　　　　　〈畿央大看〉

28 「かつ」と「または」，「すべて」と「ある」

次の条件の否定をいえ。

(1) 「$x=0$ または $y=0$」　　　　(2) 「$a \geqq 0$ かつ $b \geqq 0$」

(3) 「ある x について $f(x)=0$」

(4) 「すべての x について $ax^2+bx+c \geqq 0$」

解

(1) 「$x=0$ または $y=0$」の否定は

　　「**$x \neq 0$ かつ $y \neq 0$**」

(2) 「$a \geqq 0$ かつ $b \geqq 0$」の否定は

　　「**$a < 0$ または $b < 0$**」

(3) 「ある x について $f(x)=0$」の否定は

　　「**すべての x について $f(x) \neq 0$**」

(4) 「すべての x について $ax^2+bx+c \geqq 0$」の否定は

　　「**ある x について $ax^2+bx+c < 0$**」

┌─ 集合では ─┐
$$\overline{A \cup B} = \overline{A} \cap \overline{B}$$
　または　　かつ
$$\overline{A \cap B} = \overline{A} \cup \overline{B}$$
　かつ　　　または
└──────────┘

考え方

【数学における条件の意味は，日常の言葉と少し違った意味になる】

・(p または q) というのは，p か q のどちらかという意味でなく，p でもよいし，q でもよい。p と q の両方でもよいのです。

・(すべての〜) の否定は (ある〜) であり，逆に，(ある〜) の否定は (すべての〜) です。"ある"とは，1つでもあればよいし，"すべて"は例外が1つでもあればダメです。

せきまたは熱ですか？　両方です

p かつ q ⟸ 否定 ⟹ $\overline{p}$ または $\overline{q}$

ある〜について p ⟸ 否定 ⟹ すべての〜について $\overline{p}$

a と b の少なくとも一方は p ⟸ 否定 ⟹ a と b はともに $\overline{p}$

練習28 (1) 次の条件の否定をいえ。

(ア) $a=1$ かつ $b=2$　　　　(イ) $x \geqq 0$ または $y=1$

(ウ) すべての x について $x^2-1>0$　　(エ) m, n の少なくとも一方は奇数

(2) 「$x=0$ かつ $y=0$ ならば $x+y=0$ である。」という命題の対偶を述べ，それが正しいかどうか調べよ。　　　　〈東群馬看専〉

29 必要条件と十分条件

次の条件 p は q であるための必要，十分，必要十分のどの条件か。

(1) $p : x^2 = 1$　　　　　　　$q : x = 1$

(2) $p : x > 1$　　　　　　　$q : x^2 > 1$

(3) $p : |x| = 1$　　　　　　$q : x^2 = 1$

解

(1) p の $x^2 = 1$ は　$x = 1, -1$

　　$x = -1$ のとき $p \not\Rightarrow q$ となる。

　　よって，$p \rightleftarrows q$ だから　**必要条件**

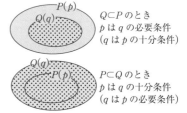

$Q \subset P$ のとき
p は q の必要条件
（q は p の十分条件）

(2) q の $x^2 > 1$ は　$x < -1, 1 < x$

　　p, q の条件を数直線上に図示すると

　　よって，$p \rightleftarrows q$ だから　**十分条件**

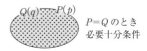

$P \subset Q$ のとき
p は q の十分条件
（q は p の必要条件）

(3) p の $|x| = 1$ は，$x = 1, -1$

　　q の $x^2 = 1$ は　$x = 1, -1$

　　よって，$p \rightleftarrows q$ だから　**必要十分条件**

$P = Q$ のとき
必要十分条件

考え方

【必要，十分は，条件のもつ意味を考える】

・条件の問題では与えられた条件 p, q がどのような
　ことをいっているのか具体的に求めます。

・p, q の包含関係 $p \rightleftarrows q$, $p \rightleftarrows q$ を調べるのは，
　反例を見つけることにかかっています。

・包含関係から次の考えで何条件かがわかります。

これは必要条件
ですよ

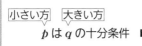

小さい方	大きい方		大きい方	小さい方
p は q の十分条件 ➡		$P(p)$, $Q(q)$	⬅	q は p の必要条件

練習29　次の □ の中に，必要条件である，十分条件である，必要十分条件である，必要条件でも十分条件でもない，のいずれかを入れよ。

(1) 自然数 n の一の位が 5 であることは，n が 5 の倍数であるための □。

(2) x を整数とすると，$6x^2 - 35x + 50 < 0$ は $x = 3$ であるための □。

(3) 四角形の対角線が互いに直交することは，ひし形であるための □。

(4) 2 次関数 $y = x^2 - 2x - k$ が常に正の値をとることは，$k \leqq -1$ であるための □。

〈椙山女学園大看〉

30 三角比の定義

右の三角形について，次の問いに答えよ。

(1) $\sin\theta$，$\cos\theta$ の値を求めよ。

(2) AC，BC の長さを求めよ。

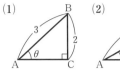
(1)

(2)

解

(1) 三平方の定理より

$AC^2=3^2-2^2=5$ だから　$AC=\sqrt{5}$

$\sin\theta=\dfrac{BC}{AB}=\dfrac{2}{3}$，$\cos\theta=\dfrac{AC}{AB}=\dfrac{\sqrt{5}}{3}$

$\Leftarrow c^2=a^2+b^2$

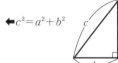

(2) $\cos 30°=\dfrac{AC}{AB}=\dfrac{AC}{4}$

$AC=4\cos 30°=4\cdot\dfrac{\sqrt{3}}{2}=2\sqrt{3}$

$\sin 30°=\dfrac{BC}{AB}=\dfrac{BC}{4}$

$BC=4\sin 30°=4\cdot\dfrac{1}{2}=2$

$\Leftarrow$ 30° の三角比

$\cos 30°=\dfrac{\sqrt{3}}{2}$

$\sin 30°=\dfrac{1}{2}$

考え方

【三角比の問題では，sin, cos, tan の定義を図形上であてはめてみる】

・直角三角形がでてきたら，求めようとする辺を次の三角比の定義にあてはめて表します。

・覚えておく三角比の値は，三角定規の 3 辺の比が基本になります。

基本は三角定規の3辺ね

三角比の定義 ➡

$$\sin\theta=\frac{a}{c} \qquad \cos\theta=\frac{b}{c} \qquad \tan\theta=\frac{a}{b}$$

練習30

(1) 次の図において，

$AD=\boxed{}$

$\tan\theta=\boxed{}$

である。

〈奈良県立病院機構看専〉

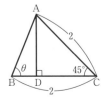

(2) 次の図において，BC＝16 m，$\angle ABH=30°$，$\angle ACH=45°$ のとき，AH を求めよ。

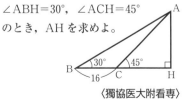

〈獨協医大附看専〉

31 三角比の拡張（90°以上の三角比）

sin 150°，cos 150°，tan 150° の値を求めよ。

解

$$\sin 150° = \frac{1}{2}$$

$$\cos 150° = \frac{-\sqrt{3}}{2} = -\frac{\sqrt{3}}{2}$$

$$\tan 150° = \frac{1}{-\sqrt{3}} = -\frac{\sqrt{3}}{3}$$

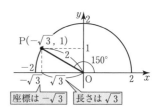

座標は $-\sqrt{3}$ ┃ 長さは $\sqrt{3}$

考え方

【90°以上の三角比は，座標で定義される】

・90°以上の三角比は，直角三角形を離れて次の
ように，単位円周上の辺の比を考えます。ただ
し，半径は正ですが，x と y は座標で考えます。

この角度は
きついかしら？

三角比の定義（$0° \leqq \theta \leqq 180°$）　　x，y は辺の長さでなく座標である。

$$\sin \theta = \frac{y}{r}$$

$$\cos \theta = \frac{x}{r}$$

$$\tan \theta = \frac{y}{x}$$

➡

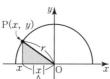
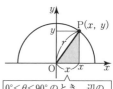

90°<θ<180° のとき辺の長さ
は $|x|$，x 座標は負になる。

0°<θ<90° のとき，辺の
長さと x 座標は一致する。

特別な三角比は
確認しておこう。

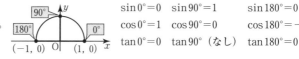

sin 0° = 0　sin 90° = 1　sin 180° = 0

cos 0° = 1　cos 90° = 0　cos 180° = -1

tan 0° = 0　tan 90°（なし）　tan 180° = 0

練習31　次の値を求めよ。

(1) sin 135°，cos 135°，tan 135°

(2) cos 150° × sin 120° × tan 135° ÷ cos 45° 〈勤医協札幌看専〉

(3) sin 30° + tan 45° + cos 60° + sin 120° + tan 135° + cos 150° 〈獨協医大附看専〉

32 三角比の相互関係

$90° \leqq \theta \leqq 180°$ とする。$\sin\theta = \dfrac{2}{3}$ のとき，$\cos\theta = \boxed{}$，

$\tan\theta = \boxed{}$ である。〈高崎健康福祉大〉

解 $\sin^2\theta + \cos^2\theta = 1$ より

$\cos^2\theta = 1 - \sin^2\theta = 1 - \left(\dfrac{2}{3}\right)^2 = \dfrac{5}{9}$

$90° \leqq \theta \leqq 180°$ より $\cos\theta \leqq 0$

よって，$\cos\theta = -\sqrt{\dfrac{5}{9}} = -\dfrac{\sqrt{5}}{3}$

$\tan\theta = \dfrac{\sin\theta}{\cos\theta} = \dfrac{2}{3} \div \left(-\dfrac{\sqrt{5}}{3}\right)$

$\qquad = \dfrac{2}{3} \times \left(-\dfrac{3}{\sqrt{5}}\right) = -\dfrac{2\sqrt{5}}{5}$

別解

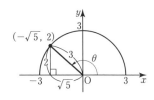

上図より $\cos\theta < 0$，$\tan\theta < 0$ だから

$\cos\theta = -\dfrac{\sqrt{5}}{3}$，$\tan\theta = -\dfrac{2}{\sqrt{5}} = -\dfrac{2\sqrt{5}}{5}$

考え方

【$\sin\theta$，$\cos\theta$，$\tan\theta$ の3人組は，どれか1つわかれば他の2つもわかる】

・$\sin\theta$，$\cos\theta$，$\tan\theta$ を別々のものと見てはいけません。これらは次に示す関係式で結ばれているから，どれか1つがわかればすべて求まります。

・別解のように図をかいて求める方法もありますが，そのときは三角比の正，負を誤らないように。

90°−θ の関係です

$\sin(90° - \theta) = \cos\theta = \dfrac{b}{c}$

$\cos(90° - \theta) = \sin\theta = \dfrac{a}{c}$

$$\sin\theta，\cos\theta，\tan\theta \text{ の相互関係}$$

$$\sin^2\theta + \cos^2\theta = 1, \quad 1 + \tan^2\theta = \dfrac{1}{\cos^2\theta}, \quad \tan\theta = \dfrac{\sin\theta}{\cos\theta}$$

次の関係式もときどき使われるから，図から導けるようにしておこう。

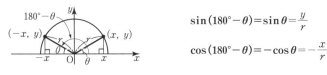

$\sin(180° - \theta) = \sin\theta = \dfrac{y}{r}$

$\cos(180° - \theta) = -\cos\theta = -\dfrac{x}{r}$

練習32 (1) $0° < \theta < 90°$ で $\sin\theta = \dfrac{1}{4}$ のとき $\cos\theta = \boxed{}$，$\tan\theta = \boxed{}$ である。 〈慈恵第三看専〉

(2) $0° \leqq \theta \leqq 180°$ で $\tan\theta = -3$ のとき，$\cos\theta = \boxed{}$，$\sin\theta = \boxed{}$ である。 〈神奈川県立衛看〉

33 $\sin\theta+\cos\theta=a$ のときの式の値

> $\sin\theta+\cos\theta=\dfrac{1}{2}$ のとき，次の値を求めよ。
>
> (1) $\sin\theta\cos\theta$　　　　　　(2) $\sin^3\theta+\cos^3\theta$ 〈関西福祉大〉

解　(1) $\sin\theta+\cos\theta=\dfrac{1}{2}$ の両辺を2乗して

$$(\sin\theta+\cos\theta)^2=\left(\dfrac{1}{2}\right)^2$$

$$\sin^2\theta+2\sin\theta\cos\theta+\cos^2\theta=\dfrac{1}{4}$$

$$2\sin\theta\cos\theta=\dfrac{1}{4}-1=-\dfrac{3}{4}$$

よって，$\sin\theta\cos\theta=-\dfrac{3}{8}$

←$(x+y)^2=x^2+2xy+y^2$
　2乗すると x と y の
　積 xy が出てくる。

←$\sin^2\theta+\cos^2\theta=1$
　はいつでも使えるように。

(2) $\sin^3\theta+\cos^3\theta$
　$=(\sin\theta+\cos\theta)(\sin^2\theta-\sin\theta\cos\theta+\cos^2\theta)$
　$=\dfrac{1}{2}\cdot\left\{1-\left(-\dfrac{3}{8}\right)\right\}=\dfrac{11}{16}$

←因数分解の公式で。
　x^3+y^3
　$=(x+y)(x^2-xy+y^2)$

考え方　【$\sin\theta+\cos\theta=a$ のとき，まず両辺を2乗】

・$\sin\theta+\cos\theta$ と $\sin\theta\cos\theta$ はいつもセットで出てくる。この2つを結ぶには，$\sin\theta+\cos\theta$ を2乗することです。

・このとき，$\sin^2\theta+\cos^2\theta=1$ がきまってでてくることも予期しておきましょう。

2乗してから食べてください

$\sin\theta+\cos\theta=a$ のとき　$\sin\theta\cos\theta$ は両辺2乗して求める。

$$\sin^2\theta+2\sin\theta\cos\theta+\cos^2\theta=a^2 \implies \sin\theta\cos\theta=\dfrac{a^2-1}{2}$$

練習33　$0°<\theta<45°$ の θ に対して $\sin\theta+\cos\theta=\dfrac{5}{4}$ とする。

(1) $\sin\theta\cos\theta$ の値は □ である。

(2) $(\sin\theta-\cos\theta)^2$ の値は □ である。

(3) $\sin\theta$ の値は □ である。 〈藤田医科大保衛〉

34 三角方程式・不等式

$0° \leqq \theta \leqq 180°$ のとき，次の式を満たす θ の値，または範囲を求めよ。

(1) $\sin\theta = \dfrac{1}{\sqrt{2}}$ (2) $\cos\theta < \dfrac{1}{2}$ (3) $\tan\theta < \sqrt{3}$

解

(1) 右図より

$\theta = 45°,\ 135°$

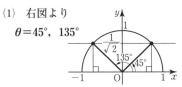

(3) 右図より

$0° \leqq \theta < 60°,$

$90° < \theta \leqq 180°$

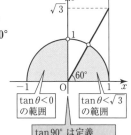

(2) 右図より

$60° < \theta \leqq 180°$

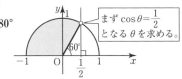

まず $\cos\theta = \dfrac{1}{2}$ となる θ を求める。

$\tan\theta < 0$ の範囲 $\tan\theta < \sqrt{3}$ の範囲

$\tan 90°$ は定義されない。$\tan$ はここでギャップができる。

考え方

【三角比を満たす θ を求めるには，単位円に三角定規の角をとり，三角比の定義を考える】

・単位円上に $30°$，$45°$，…などの特別な角をとって，そこでの $\sin$，$\cos$，$\tan$ の値を定義に従って考えます。

・不等式では $>$，$<$ を $=$ とみて，まず境界を見つけます。それから角を動かして θ の範囲を求めていきます。

$\tan\theta$ に注意しましょう $90°$ では定義されません

0 から ∞ へ $90°$ を超えると $-\infty$ から 0 まで

三角方程式・不等式 使われる角は次の角 ➡

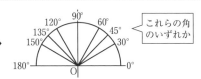

これらの角のいずれか

練習**34** $0° \leqq \theta \leqq 180°$ のとき，次の式を満たす θ の値，または範囲を求めよ。

(1) $\sin\theta = \dfrac{\sqrt{3}}{2}$ (2) $\cos\theta = -\dfrac{1}{2}$ (3) $\tan\theta = -\dfrac{1}{\sqrt{3}}$

〈健和看学院〉   〈東群馬看専〉   〈江戸川看専〉

(4) $\sin\theta < \dfrac{\sqrt{2}}{2}$ (5) $\cos\theta \geqq \dfrac{\sqrt{3}}{2}$ (6) $\tan\theta > -1$

〈PL 学園衛看専〉   〈福岡医師会看専〉   〈日高看専〉

35 $\sin\theta$, $\cos\theta$ で表された関数

0°≦θ≦180° のとき，$y=-\sin^2\theta-\cos\theta+2$ の最大値と最小値を求めよ。また，そのときの θ の値を求めよ。

解

$y=-(1-\cos^2\theta)-\cos\theta+2$

　$=\cos^2\theta-\cos\theta+1$

$\cos\theta=t$ とおくと

← $\sin^2\theta+\cos^2\theta=1$ を利用して，$\cos\theta$ に統一。

0°≦θ≦180° だから $-1\leqq t\leqq1$

　$y=t^2-t+1$ $(-1\leqq t\leqq1)$

← t と置き換えたとき定義域を押さえる。

　$=\left(t-\dfrac{1}{2}\right)^2+\dfrac{3}{4}$

右のグラフより

$t=-1$ すなわち $\cos\theta=-1$ より

　$\theta=180°$ のとき　最大値 3

$t=\dfrac{1}{2}$ すなわち $\cos\theta=\dfrac{1}{2}$ より

　$\theta=60°$ のとき　最小値 $\dfrac{3}{4}$

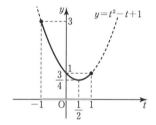

考え方

【$\sin\theta$, $\cos\theta$ で表される関数は，$\sin\theta=t$ または $\cos\theta=t$ とおいて t の関数にする】

・例題のように，$\sin\theta$, $\cos\theta$ で表された式の最大，最小は，そのままでは考えられないので，t におきかえます。

・そうすると t の2次関数として扱えます。

・このとき，t のとりうる値の範囲が定義域になるのでしっかり押えましょう。

おきかえれば簡単ですよ

$0\leqq\sin\theta\leqq1$
$-1\leqq\cos\theta\leqq1$
$(0\leqq\theta\leqq180°)$

$\sin\theta$ や $\cos\theta$ で表された関数　➡
・$\sin\theta$ か $\cos\theta$ に統一する。
・$\sin\theta=t$（$\cos\theta=t$）とおいて t の関数に
・t のとりうる値を押えて定義域にする。

練習35　$y=\cos\theta-\sin^2\theta$ $(0°\leqq\theta\leqq180°)$ は $\theta=\boxed{}$ のとき最大値 $\boxed{}$ をとり，$\theta=\boxed{}$ のとき最小値 $\boxed{}$ をとる。　〈藤田医科大保衛〉

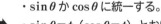

36 正弦定理

△ABC において，BC＝12，∠B＝60°，∠C＝75° のとき，

AC＝ □ ，外接円の半径は □ である。　　　〈昭和医大附看専〉

解 $A＝180°−(B+C)＝180°−(60°+75°)＝45°$

正弦定理より

$$\frac{12}{\sin 45°}＝\frac{AC}{\sin 60°}$$

よって，$AC＝\dfrac{12}{\sin 45°}×\sin 60°$

$$＝12×\frac{2}{\sqrt{2}}×\frac{\sqrt{3}}{2}＝\mathbf{6\sqrt{6}}$$

外接円の半径 R は　$\dfrac{12}{\sin 45°}＝2R$　より

$$R＝12×\frac{2}{\sqrt{2}}×\frac{1}{2}＝\mathbf{6\sqrt{2}}$$

←三角形の内角の和

$A+B+C＝180°$

から残りの角 A を求める。

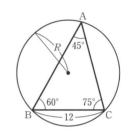

【正弦定理：図をかいて公式をあてはめよう】

・正弦定理を使うと，次のものが求まります。

　<u>1辺と2角</u>　がわかれば　残りの辺

　<u>2辺と1角</u>　がわかれば　残りの角

・また，外接円の半径 R が出てくる公式は正弦定理だけなので外接円ときたら正弦定理です。

正弦定理は
向かい合う辺と
角（sin）の関係よ

正弦定理 ➡

$$\frac{a}{\sin A}＝\frac{b}{\sin B}＝\frac{c}{\sin C}＝2R$$

（R は △ABC の外接円の半径）

$\sin A : \sin B : \sin C＝a : b : c$

も成り立つ

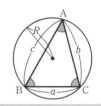

練習36 (1) △ABC において，$BC＝\sqrt{2}$，$B＝45°$，$C＝105°$ であるとき，

AC＝ □ である。　　　〈島田市立看専〉

(2) △ABC において，$A＝120°$，$\sin B＝\dfrac{1}{3}$，$BC＝9$ であるとき，AC＝ □

であり，△ABC の外接円の半径は □ である。　　　〈広島市立看専〉

(3) △ABC において，$b＝3$，$c＝3\sqrt{3}$，$B＝30°$ のとき，a，C の値を求めよ。

〈王子総合病付看〉

42

37 余弦定理

(1) △ABC において，AB＝5，AC＝3，∠A＝120° のとき，BC＝□ である。

(2) △ABC において，$a=1$，$b=\sqrt{5}$，$c=\sqrt{2}$ のとき，∠B の大きさを求めよ。 〈十全看専〉

解

(1) $BC^2=3^2+5^2-2\cdot3\cdot5\cdot\cos120°$

$=9+25-2\cdot3\cdot5\cdot\left(-\dfrac{1}{2}\right)=49$

BC＞0 だから，$BC=\sqrt{49}=\mathbf{7}$

←余弦定理にあてはめる。

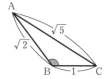

(2) $\cos B=\dfrac{(\sqrt{2})^2+1^2-(\sqrt{5})^2}{2\cdot\sqrt{2}\cdot1}$

$=\dfrac{-2}{2\sqrt{2}}=-\dfrac{\sqrt{2}}{2}$

$0°<B<180°$ だから $B=\mathbf{135°}$

←余弦定理にあてはめる。

考え方

【余弦定理は2辺と1角で辺，3辺で角】

・余弦定理を使うと，次のものが求まります。

　<u>2辺と1角</u> がわかれば 残りの辺

　<u>3辺</u> がわかれば $\cos A$，$\cos B$，$\cos C$

・余弦定理も正弦定理も，必ず図をかいてから公式の適用を考えましょう。

公式と同じようにしっかり押さえてください

余弦定理 ➡ $a^2=b^2+c^2-2bc\cos A$

$\cos A=\dfrac{b^2+c^2-a^2}{2bc}$

（2辺と1つの角）

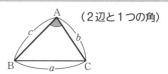

練習37 (1) 平行四辺形 AB＝4，BC＝6，∠B＝60° のとき，BD の長さを求めよ。 〈獨協医大附看専〉

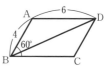

(2) AB＝$1+\sqrt{3}$，BC＝$\sqrt{2}$，CA＝2 の △ABC において，内角 A，B，C の中で最も小さい角の大きさを求めよ。 〈済生会宇都宮看専〉

(3) △ABC において，B＝60°，$a=3$，$c=1$ のとき，$b=$□，$\cos C=$□ である。 〈市立小樽病院高看〉

38 三角形の面積

△ABC において，$a=7$，$b=5$，$c=4$ のとき，次の問いに答えよ。

(1) $\cos B$ の値を求めよ。　　　(2) △ABC の面積を求めよ。

解

(1) 余弦定理より

$$\cos B=\frac{4^2+7^2-5^2}{2\cdot4\cdot7}=\frac{40}{56}=\frac{5}{7}$$

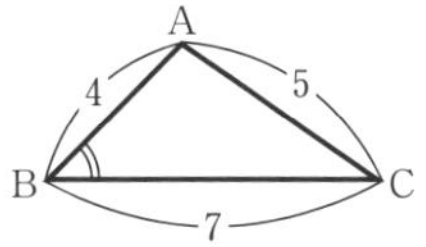

(2) $\sin B>0$ だから

$$\sin B=\sqrt{1-\cos^2 B}=\sqrt{1-\left(\frac{5}{7}\right)^2}$$

$$=\sqrt{\frac{49-25}{49}}=\frac{\sqrt{24}}{7}=\frac{2\sqrt{6}}{7}$$

よって，$\triangle ABC=\dfrac{1}{2}\cdot4\cdot7\cdot\dfrac{2\sqrt{6}}{7}$

$$=4\sqrt{6}$$

◆$\cos B=\dfrac{c^2+a^2-b^2}{2ca}$

◆$\cos B$ から $\sin B$ を求めて

$S=\dfrac{1}{2}xy\sin\theta$

の公式に代入する。

考え方

【三角形の面積は2辺とその間の角で求まる】

・右図で，三角形の面積は $S=\dfrac{1}{2}xh$ であり，

この高さ h は $\sin\theta$ を用いて

$\sin\theta=\dfrac{h}{y}$ より $h=y\sin\theta$ と表せる。

したがって，$S=\dfrac{1}{2}xy\sin\theta$ となります。

・3辺がわかっている三角形では，余弦定理で $\cos\theta$ を求めてから $\sin\theta$ を出すのがセオリーです。

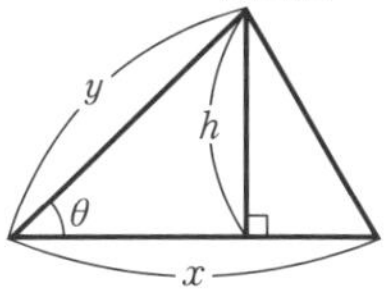

> 三角形の面積も2辺とその間の角です

三角形の面積 ➡ $S=\dfrac{1}{2}xy\sin\theta$

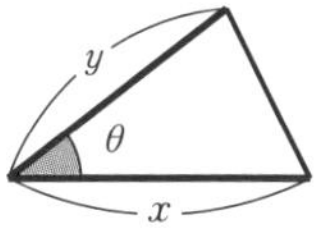

練習38　(1) 次の三角形の面積 S を求めよ。

(i) AB=3，BC=8，∠B=60°　　〈北都保健福祉看専〉

(ii) AB=6，BC=5，CA=3　　〈前橋赤十字看専〉

(2) 右図の四角形 ABCD において，AB=6，BC=2，CD=4，DA=4，∠BCD=120° とするとき，次の値を求めよ。

(i) ∠DAB の大きさ　　(ii) 四角形 ABCD の面積

〈津島市立看専〉

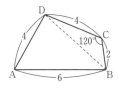

39 三角形の内接円の半径

　△ABC において，AB＝8，AC＝5，∠A＝60° であるとき，次の問いに答えよ。

(1)　辺 BC の長さを求めよ。　　(2)　△ABC の面積 S を求めよ。

(3)　△ABC の内接円の半径 r を求めよ。　　〈新潟医技専〉

解

(1)　余弦定理より
$$BC^2 = 5^2 + 8^2 - 2 \cdot 5 \cdot 8 \cdot \cos 60°$$
$$= 25 + 64 - 2 \cdot 5 \cdot 8 \cdot \frac{1}{2}$$
$$= 49$$
　BC＞0 より，BC＝$\sqrt{49}$＝**7**

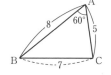

(2)　$S = \dfrac{1}{2} \cdot 5 \cdot 8 \cdot \sin 60° = \dfrac{1}{2} \cdot 5 \cdot 8 \cdot \dfrac{\sqrt{3}}{2} = \mathbf{10\sqrt{3}}$

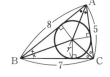

(3)　$10\sqrt{3} = \dfrac{1}{2} r(8 + 7 + 5)$ より

　　$10\sqrt{3} = 10r$　　←$S = \dfrac{1}{2} r(a + b + c)$

　　よって，$r = \boldsymbol{\sqrt{3}}$

考え方

【三角形の面積と内接円の半径】

・三角形の内接円の半径は，面積との関係から求めることを確認しましょう。

・右の図のように，△ABC の面積は
△ABC＝△IBC＋△ICA＋△IBA
と，3つに分けた三角形の和だから
$S = \dfrac{1}{2}ar + \dfrac{1}{2}br + \dfrac{1}{2}cr$ となります。

3つに分けてね

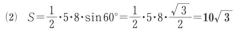

　　　　　　　面積　半径　3辺の和

△ABC の内接円の半径 r ➡ $S = \dfrac{1}{2}r(a + b + c)$

練習39　△ABC において，BC＝8，CA＝9，AB＝7 とするとき，以下の問いに答えよ。　　〈広島市立看専〉

(1)　$\cos B = \boxed{}$ となる。

(2)　△ABC の面積 S の値は，$S = \boxed{}$ となる。

(3)　△ABC の内接円の半径を r とすると，$r = \boxed{}$ である。

40 円に内接する四角形

円に内接する四角形 ABCD があり AB＝2，BC＝3，AD＝1，
$\cos B = \dfrac{1}{6}$ であるとき，AC＝□，CD＝□ である。

解 △ABC に余弦定理を適用して

$\quad AC^2 = 2^2 + 3^2 - 2 \cdot 2 \cdot 3 \cos B$

$\qquad = 4 + 9 - 12 \cdot \dfrac{1}{6} = 11$

AC＞0 より，$\mathbf{AC} = \sqrt{11}$

CD＝x として，△ACD に余弦定理を適用すると

$\quad (\sqrt{11})^2 = 1^2 + x^2 - 2 \cdot 1 \cdot x \cos(180° - B)$

$\qquad \cos(180° - B) = -\cos B = -\dfrac{1}{6}$ だから

$\quad 11 = 1 + x^2 - 2x \cdot \left(-\dfrac{1}{6}\right)$

$\quad 3x^2 + x - 30 = 0, \quad (x-3)(3x+10) = 0$

$\quad x > 0$ だから $x = \mathbf{CD} = \mathbf{3}$

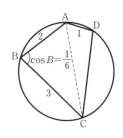

←両辺に 3 を掛けて整理

考え方 【円に内接する四角形では，向かい合う角の和が
180° であることと，余弦定理が使われる】

・円に内接する四角形では，1 つの角が θ のときそ
の向かい合う角は $180° - \theta$ になります。

・このとき，$\cos(180° - \theta) = -\cos\theta$ の関係式を使
うので忘れないようにしよう。

・右図の内接する四角形の対角線 AC は △ABC と
△ADC に余弦定理を適用して求めます。

うまい方法が
あるものね

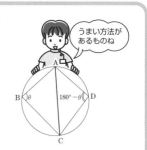

円に内接する四角形 ➡

向かい合う角の和は 180°
$\cos(180° - \theta) = -\cos\theta$ と
余弦定理はよく使う

練習40 円 O に内接する四角形 ABCD について，AB＝1，BC＝3，CD＝3，
DA＝4 とする。このとき以下の問いに答えよ。

(1) $\cos B = x$ として，$\cos D$ を x を用いて表せ。　(2) $\cos B$ の値を求めよ。

(3) 対角線 AC の長さを求めよ。　(4) 円 O の半径 R を求めよ。

(5) 四角形 ABCD の面積 S を求めよ。　　　　　　　〈鹿児島純心女大看〉

41 空間図形

1辺が2の正四面体において，次の値を求めよ。

(1) ∠AMD＝θ とするとき，cos θ

(2) AH

(3) 四面体の体積 V

解 (1) △AMD に余弦定理を適用すると

AM＝DM＝$\sqrt{3}$ だから

$$\cos\theta=\frac{(\sqrt{3})^2+(\sqrt{3})^2-2^2}{2\cdot\sqrt{3}\cdot\sqrt{3}}=\frac{2}{6}=\frac{1}{3}$$

← AM＝DM＝$\sqrt{3}$

(2) $\sin\theta=\sqrt{1-\left(\dfrac{1}{3}\right)^2}=\dfrac{2\sqrt{2}}{3}$

←$\sin^2\theta+\cos^2\theta=1$

$$AH=AM\sin\theta=\sqrt{3}\cdot\frac{2\sqrt{2}}{3}=\frac{2\sqrt{6}}{3}$$

(3) $V=\dfrac{1}{3}\cdot\triangle BCD\cdot AH=\dfrac{1}{3}\cdot\dfrac{1}{2}\cdot2\cdot2\cdot\sin60°\cdot\dfrac{2\sqrt{6}}{3}$ ←$V=\dfrac{1}{3}Sh$

$$=\dfrac{1}{6}\cdot4\cdot\dfrac{\sqrt{3}}{2}\cdot\dfrac{2\sqrt{6}}{3}=\dfrac{2\sqrt{2}}{3}$$

考え方

【空間図形も平面が集まってできている】

・空間図形といえども，平面図形で構成されているので，全体の図形からそれぞれの平面を取り出して考えることが point です。

・その平面に，正弦，余弦，三平方等の平面図形での公式をあてはめていくのです。

立体も平面で見てるんだ

空間図形の考え方 ➡ ・空間図形の中に浮かび上がる平面を見る

・平面図形で使う公式を適用する

練習**41** 右の三角錐 O-ABC において，AB＝OC＝2，OA＝OB＝AC＝BC＝3 である。辺 AB の中点を M とするとき，次の値を求めよ。

(1) ∠OMC＝θ とするとき，cos θ

(2) O から底面に下ろした垂線 OH の長さ

(3) 三角錐 O-ABC の体積 V

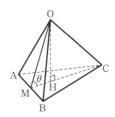

42 度数分布と代表値

右の表は，10人のあるゲームの得点をまとめたものである。

得点	1	2	3	4	5
人数	x	3	1	y	2

平均点が3.2点のとき，xとyの値を求めよ。また，そのときの中央値と最頻値を求めよ。

解

$x+3+1+y+2=10$ より　　　　　　　　　◀データの総数を押さえる。

$x+y=4$ ……①

平均点が3.2だから

$$\frac{1}{10}(1\times x+2\times 3+3\times 1+4\times y+5\times 2)=3.2$$

◀$\dfrac{(データの総得点)}{(データの個数)}=(平均値)$

これより，$x+4y=13$ ……②

①，②を解いて，$x=1,\ y=3$

このとき，中央値は，データの数が10なので
5番目と6番目の平均である。

◀データの数が10で偶数だから $\dfrac{1+10}{2}=5.5$ より5番目と6番目の平均をとる。

よって，$\dfrac{3+4}{2}=\textbf{3.5 点}$

最頻値は人数が3人いる得点で

2点と4点

◀最頻値は人数の最も多い得点で1つとは限らない。

考え方

【代表値は，主に次の3つ】
・平均値：N個のデータの総和をNで割った値
・中央値：データをすべて，大きさの順に並べたとき，その中央にくる値。（偶数のときは中央の2つの値の平均値。）
・最頻値：データの値のうち，最も多くある値

そんなわけないでしょ

平均ぐらいですか？

生活習慣病

代表値の問題 ➡

平均値：$\bar{x}=\dfrac{1}{N}(x_1+x_2+x_3+\cdots+x_n)$

中央値：小さい順に並べて中央にくる値

最頻値：最も多いデータ（1つとは限らない）

練習42 右の表は，あるテーマパークに入園した回数を，20人に聞いた結果である。

回数	0	1	2	3	4	5	6
人数	3	1	2	x	3	y	4

最大値が6回，平均値が3.5回のとき，x，yの値を求めよ。また，そのときの中央値と最頻値を求めよ。

43 箱ひげ図

右の箱ひげ図は，30人にA，Bのテストを実施した結果である。次の問いに答えよ。

(1) 四分位範囲はどちらが大きいか。

(2) 80点以上の人数はどちらが多いか。

(3) 40点未満はA，B合わせて最大で何人か。

解

(1) 四分位範囲は

Aは $Q_3 - Q_1 = 82 - 40 = 42$（点）

Bは $Q_3 - Q_1 = 75 - 43 = 32$（点）

よって，**Aの方が大きい。**

←四分位範囲は $Q_3 - Q_1$

四分位偏差は $\dfrac{Q_3 - Q_1}{2}$

(2) Aの Q_3 は82点だから80点以上の人数は8人以上で，Bの Q_3 は75点だから80点以上の人数は7人以下である。

よって，**Aの方が多い。**

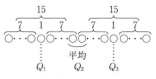

(3) Aの Q_1 が40点で，Bの Q_1 は43点だから，40点未満の人数はどちらも7人以下。

よって，A，B合わせて最大で**14人**

考え方

【箱ひげ図は25％ずつ区切られたデータ】

・箱ひげ図は，全データを25％ずつ区分して図にしたもので，箱の部分が全体の50％にあたります。

・箱は大きくても小さくても，25％のデータが入っているので見かけにだまされないように。

あと25％まがればOKです

箱ひげ図 ➡

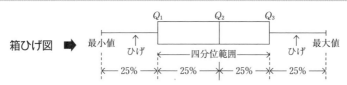

練習43 右の箱ひげ図は，50人にA，Bのテストを実施した結果である。次の問いに答えよ。

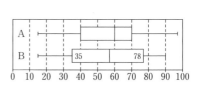

(1) 四分位範囲はどちらが大きいか。

(2) 40点未満の人数はどちらが多いか。

(3) 60点以上，70点以下の人数が多いのはどちらか。

44 平均値・分散と標準偏差

右の表は 5 人のテストの結果である。
平均値 $\overline{x}$，分散 s^2，標準偏差 s を求めよ。

生徒	A	B	C	D	E
得点	5	8	6	4	7

解

平均値　$\overline{x}=\dfrac{1}{5}(5+8+6+4+7)=\dfrac{30}{5}=\mathbf{6}$（点）　　◀平均値＝$\dfrac{データの総和}{データの個数}$

分散　$s^2=\dfrac{1}{5}\{\underbrace{(5-6)^2+(8-6)^2+(6-6)^2+(4-6)^2+(7-6)^2}\}\cdots\cdots$①　　◀偏差の2乗
　　　　　　　データから平均値を引いて2乗し加える　　　　　　　　　　　の平均値

　　　　$=\dfrac{1}{5}(1+4+4+1)=\mathbf{2}$

別解　$s^2=\dfrac{1}{5}\underbrace{(5^2+8^2+6^2+4^2+7^2)}-\underbrace{6^2}\cdots\cdots$②　　◀分散＝（2乗の平均値）－（平均値）^{2}
　　　　　　　　　　　　データの2乗の和　　平均値の2乗

　　　$=\dfrac{190}{5}-36=\mathbf{2}$

標準偏差　$s=\sqrt{2}\fallingdotseq\mathbf{1.41}$　　　　　　　　　　◀標準偏差＝$\sqrt{分散}$

考え方

【分散と標準偏差は公式に従って求める】

・平均値，分散・標準偏差はデータを分析するうえで最も大切な指標です。

・標準偏差＝$\sqrt{分散}$ は文字通りデータ全体が平均値からどれくらい分散しているかの値で，小さいほどデータは平均値の近くに集中し，大きいほど平均値から散らばっています。

・分散・標準偏差は次の公式で求めます。

解の①，別解の②どちらを使ってもいいですよ

平均値：$\overline{x}=\dfrac{1}{n}(x_1+x_2+\cdots+x_n)$

分散：$s^2=\dfrac{1}{n}\{(x_1-\overline{x})^2+(x_2-\overline{x})^2+\cdots\cdots+(x_n-\overline{x})^2\}\cdots\cdots$①

　　　　$=\dfrac{1}{n}(x_1{}^2+x_2{}^2+\cdots+x_n{}^2)-(\overline{x})^2\cdots\cdots$②

標準偏差：$s=\sqrt{s^2}=\sqrt{分散}$

練習44　右の表は，5 人のテストの結果である。平均値 $\overline{x}$，分散 s^2，標準偏差 s を求めよ。

生徒	A	B	C	D	E
得点	6	10	4	13	7

50

45 2つのデータを合わせた平均値と分散

10個のデータがある。そのうち6個の平均値は7，分散は9であり，残り4個の平均値は12，分散は4である。このとき，全体の平均値と分散を求めよ。 〈勤医協礼幌看専〉

解 10個のデータを x_1, x_2, $\cdots$, x_{10}

x_1, x_2, $\cdots$, x_6 の平均値が7，分散が9 ← $\dfrac{x_1+\cdots+x_6}{6}=7$（6個の平均値）

x_7, x_8, x_9, x_{10} の平均値が12，分散が4 ← $\dfrac{x_7+\cdots+x_{10}}{4}=12$（4個の平均値）

とすると，10個のデータの合計は ← $(x_1+\cdots+x_6)+(x_7+\cdots+x_{10})$

$$6\times7+4\times12=90$$ $=6\times7+4\times12=90$

10個のデータの平均値は $\dfrac{x_1+\cdots+x_{10}}{10}=\dfrac{90}{10}=9$

分散を求める式に条件をあてはめて

分散を求める式

| 2乗の平均値 | 平均値の2乗 |

$$\left(\dfrac{x_1{}^2+\cdots+x_n{}^2}{n}\right)-\left(\dfrac{x_1+\cdots x_n}{n}\right)^2$$

$$\dfrac{x_1{}^2+x_2{}^2+\cdots+x_6{}^2}{6}-7^2=9 \ \text{より}$$

$$x_1{}^2+x_2{}^2+\cdots+x_6{}^2=58\times6=348 \quad\cdots\cdots①$$

$$\dfrac{x_7{}^2+x_8{}^2+x_9{}^2+x_{10}{}^2}{4}-12^2=4 \ \text{より}$$

$$x_7{}^2+x_8{}^2+x_9{}^2+x_{10}{}^2=148\times4=592 \quad\cdots\cdots②$$

10個のデータの分散は

$$\dfrac{①+②}{10}-9^2=\dfrac{348+592}{10}-81=\mathbf{13}$$

考え方 【2つのデータを合わせたとき】
・2つのデータを合わせる問題では，まずそれぞれのデータの条件から，平均値や分散（標準偏差）を求める式にあてはめます。それから，2つ合わせたデータの平均値や分散を考えます。

A, B混合ワクチンです

A と B を合わせた平均値と分散 ➡

平均値：$\dfrac{(A\text{の合計})+(B\text{の合計})}{(A+B\text{の総数})}$

分散：$\dfrac{(A\text{の2乗の和})+(B\text{の2乗の和})}{(A+B\text{の総数})}-(\text{平均値})^2$

練習45 A のデータの大きさは5であり，平均値は7，分散は3である。データ B の大きさは10であり，平均値は10，分散は6である。2つのデータをひとまとめにした15個のデータの平均値と分散を求めよ。 〈東京都立看専〉

46 相関係数

右の表は，5人のテスト x とテスト y の結果である。x と y の平均値と標準偏差は $\overline{x}=5$，$s_x=\sqrt{2}$，$\overline{y}=7$，$s_y=2$ である。このとき，x と y の相関係数を求めよ。

	A	B	C	D	E
x	3	5	6	4	7
y	4	7	10	6	8

解 x と y の共分散 s_{xy} は

$$s_{xy}=\frac{1}{5}\{(3-5)(4-7)+(5-5)(7-7)+(6-5)(10-7)$$
$$+(4-5)(6-7)+(7-5)(8-7)\}$$
$$=\frac{1}{5}(6+3+1+2)=\frac{12}{5}$$

← $(x-\overline{x})(y-\overline{y})$

同じ人の x と y のデータを順番に入れて計算し，その和を求める。

x の平均値　y の平均値

よって，相関係数 r は，

$$r=\frac{s_{xy}}{s_x s_y}=\frac{12}{5}\cdot\frac{1}{\sqrt{2}\cdot 2}=\frac{3\sqrt{2}}{5}\fallingdotseq 0.85 \qquad \leftarrow \sqrt{2}\fallingdotseq 1.41$$

考え方

【相関係数は2つの変量 x，y の関係を数値化したもの】

・変量 x，y の相関係数を求めるには，x と y の標準偏差 s_x，s_y の他に，共分散 s_{xy} を使います。

式は長いけど規則的です

$$s_{xy}=\frac{1}{n}\{(x_1-\overline{x})(y_1-\overline{y})+(x_2-\overline{x})(y_2-\overline{y})+\cdots\cdots+(x_n-\overline{x})(y_n-\overline{y})\}$$

・相関係数は次の式で表され，その値と散布図の傾向は次のようになります。

相関係数 $r=\dfrac{s_{xy}}{s_x s_y}$ ← x と y の共分散：$(x-\overline{x})(y-\overline{y})$ の平均値
　　　　　　　　　　 ← x と y の標準偏差の積

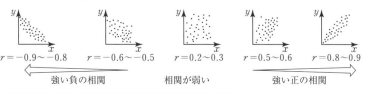

$r=-0.9\sim -0.8$　　$r=-0.6\sim -0.5$　　$r=0.2\sim 0.3$　　$r=0.5\sim 0.6$　　$r=0.8\sim 0.9$

強い負の相関　　　　　　相関が弱い　　　　　　強い正の相関

練習46 右の表は，5人のテスト x とテスト y の結果である。x の標準偏差は 2，y の標準偏差は $\sqrt{2}$ である。

	A	B	C	D	E
x	7	6	9	3	5
y	4	3	6	5	2

(1) x と y の共分散を求めよ。また，相関係数を求めよ。ただし，$\sqrt{2}\fallingdotseq 1.4$ とする。

(2) x，y の相関について，適するものを次の(ア)～(エ)の中から1つ選べ。

　　(ア) やや弱い負の相関がある。　　　(イ) それほど強くない正の相関がある。

　　(ウ) 強い正の相関がある。　　　　　(エ) 相関はほとんどない。

47 仮説検定の考え方

ある検査キットを製造するのに，A 社の製造装置では 1000 個あたり，不良品の個数の平均値が 15 個，標準偏差が 1.6 個であった。この度，B 社の最新の製造装置で製造したところ，1000 個あたりの不良品が 9 個であった。このとき，B 社の製造装置は A 社のものより優れているといえるだろうか。棄却域を「不良品の個数が，平均値から標準偏差の 2 倍以上離れた値となること」として検証せよ。

解

検証したいことは

「B 社の製造装置のほうが A 社のものより優れている」

かどうかかだから

「B 社のほうが優れているとはいえない」 ←検証したいこととは反対
の事柄を定める。

と仮説を立てる。

棄却域は不良品の個数が

「平均値から標準偏差の 2 倍以上離れた値になること」だから

（棄却域）＝15－2×1.6＝11.8（個） ←棄却域を決める。

これより，棄却域は 11 個以下だから仮説は棄却される。 ←不良品が 9 個だから

よって，B 社の製造装置のほうが優れているといえる。 11 個以下で棄却域
に含まれる。

考え方

【仮説検定の考え方】

・検証したいことの反対の事柄を仮説にする。

・立てた仮説が「めったに起こらないこと」なのか，そうでないことなのかで仮説を棄却するか，しないかを判断する。

・「めったに起こらないこと」かどうかは，次のように決め，めったに起こらないとき，仮説は棄却する。

めったにない
ことですよ。

仮説を棄却する場合	・（平均値）±2×（標準偏差）以上離れた 値のとき
（めったに起こらないとする判断基準） ➡	・起こる確率が 0.5 ％未満のとき

練習**47** ある予防ワクチンは 500 人あたり副反応が出る人の平均値が 20 人，標準偏差が 4.2 人であった。この度，開発された新しいワクチンは，500 人あたり副反応の出る人が 13 人であった。このとき，新しいワクチンは以前のものより効果があるといえるか。棄却域を「副反応が出る人数が，平均値から標準偏差の 2 倍以上離れた値となること」として検証せよ。

48 和の法則・積の法則

大小 2 つのさいころを同時に投げたとき，次の場合の数は何通りか。
(1) 目の和が 5 の倍数になる。
(2) 大きいさいころの目が 5 以上で小さいさいころの目は 4 以下になる。

解

(1) (i) 目の和が 5 になる場合
$(1, 4)$，$(2, 3)$，$(3, 2)$，$(4, 1)$ の 4 通り。

(ii) 目の和が 10 になる場合
$(4, 6)$，$(5, 5)$，$(6, 4)$ の 3 通り。
よって，$4 + 3 = \textbf{7}$（通り） ◀和の法則

◀(i)と(ii)の場合があるので
それぞれの場合の数を求める。

(2) 大きいさいころの目は 5，6 の 2 通り。
そのそれぞれに対して，
小さいさいころの目は 1，2，3，4 の 4 通り。
よって，$2 \times 4 = \textbf{8}$（通り） ◀積の法則

$2 \times 4 = 8$

考え方

【和の法則，積の法則は数え上げの基本】
・和の法則と積の法則は，日常生活でも使っている
考え方です。
・和の法則は，起こり方がいくつかのパターンがあ
るとき，それぞれの場合の数を加えます。
・積の法則は，2 つ以上の起こり方が同時に起こる
とき，それぞれの場合の数を掛けます。

和の法則，積の法則は
基本だ

場合の数 ➡

A の起こり方が m 通り，
B の起こり方が n 通りのとき
・A か B のいずれかが起こるのは
　　　$m + n$ 通り……和の法則
・A と B がともに起こるのは
　　　$m \times n$ 通り……積の法則

練習48 (1) 大小 2 つのさいころを同時に投げたとき，目の和が 4 の倍数になる
のは何通りか。 〈畿央大看〉
(2) 右の図で A 地点から D 地点に行く行き方は何
通りあるか。

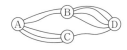

49 順列と組合せ

(1) 8人の中から3人を選んで，1, 2, 3の番号のついた3つの席にすわらせる方法は何通りあるか。

(2) 8人の中から3人の代表を選ぶ方法は何通りあるか。

解 (1) 8人から3人を選んで1列に並べればよいから ←人は異なるものとして考える。
（異なる8個のものから3個とる順列）

$_8P_3 = 8 \cdot 7 \cdot 6 = 336$（通り）

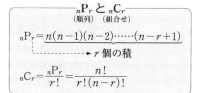

(2) 8人から3人を選べばよいから
（異なる8個から3個とる組合せ）

$_8C_3 = \dfrac{8 \cdot 7 \cdot 6}{3 \cdot 2 \cdot 1} = 56$（通り）

考え方 【組合せはとり出すだけ，順列はとり出して並べるまで入る】

・順列と組合せの違いについて例題で説明すると，組合せ $_8C_3$ は8人の中から3人を選ぶだけ。

順列 $_8P_3$ は選んだ3人を1列に並べる並べ方まで問題にします。

順番を気にしなければ組合せになります

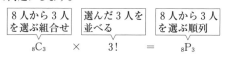

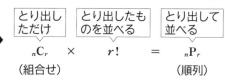

練習49 (1) 6人の中からリーダーとサブリーダーを1人ずつ選ぶ方法は □ 通りある。また，6人の中から3人の代表者を選ぶ方法は □ 通りある。
〈東京都済生会看専〉

(2) 1から9までの自然数から，異なる3個を使って3桁の整数をつくる。

(i) 3桁の整数はいくつできるか。

(ii) 数字が小さい順に並ぶ整数はいくつできるか。
〈椙山女学園大看〉

50 いろいろな順列

男子 3 人，女子 4 人が 1 列に並ぶとき，次の並び方は何通りか。

(1) 両端に女子 2 人がくる。　　(2) 男子 3 人が隣り合う。

解

(1) まず，両端にくる女子の並べ方は
$$_4P_2 = 4 \cdot 3 = 12$$
次に，残りの 5 人の並べ方は
$$_5P_5 = 5 \cdot 4 \cdot 3 \cdot 2 \cdot 1 = 120$$
よって，$_4P_2 \times _5P_5 = 12 \times 120 = \mathbf{1440}$（通り）

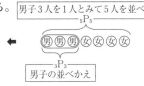

両端の並べ方 $_4P_2$

残り5人の並べ方 $_5P_5$

(2) 隣り合う男子 3 人を 1 まとめにして考える。

男子3人を1人とみて5人を並べる $_5P_5$

女子 4 人と 1 まとめの男子 3 人の並べ方　男子 3 人の並べ方
$$_5P_5 \times 3! = 120 \times 6 = \mathbf{720}（通り）$$

男子の並べかえ $_3P_3$

考え方

【順列では，条件があるものをはじめに考える】
・異なるものを並べる順列で，場所が指定されたり，隣り合うように並べる順列はよく出題されます。
・場所が指定されたら，はじめに，その場所に並べてしまう。それから残りの順列を考えましょう。
・隣り合う場合は，隣り合うものを 1 まとめにして，1 つと見て並べます。
　次に，隣り合ったものの並べかえをします。

リハビリにも順序があります

いきなりはきつい

場所が指定された順列 ➡ はじめに指定された場所に，指定されたものを並べる

隣り合う場合の順列 ➡ 隣り合うものを 1 つとしてみる（隣り合うものの並べかえも忘れない）

練習50　K，A，N，G，O という 5 文字を一字ずつ書いたカードが袋に入っている。1 枚ずつとり出して 1 列に並べるとき

(1) 異なる並べ方は全部で何通りか。

(2) K と O が両端にある並べ方は全部で何通りか。

(3) K と O が隣り合わない並べ方は全部で何通りか。　　〈静岡市立静岡看専〉

51 円順列

父と母と子供 3 人が円形のテーブルに座るとき，次の問いに答えよ。

(1) 5 人のすわり方は何通りあるか。

(2) 父と母が隣り合うようなすわり方は何通りあるか。

解 (1) 父を固定し，残り 4 人を並べれば
よいから

$$_4P_4 = 4 \cdot 3 \cdot 2 \cdot 1 = 24 \text{（通り）}$$

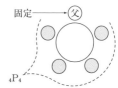

(2) 父と母を 1 つにまとめて固定すると
子供 3 人の並べ方は

$$_3P_3 = 3 \cdot 2 \cdot 1 = 6$$

父と母の並べかえが 2 通り。

よって，$_3P_3 \times 2 = 6 \times 2 = 12$ （通り）

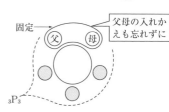

考え方 【円順列はまず，1 つを固定する】

・円形に並べる円順列では，はじめに 1 人を固定
して，それから残りを 1 列に並べます。

・円順列でも，隣り合う場合は隣り合うものを 1
つにまとめて固定するのがわかりやすいでしょ
う。もちろん，隣り合ったものの入れかえも忘
れないように。

円順列 ➡ ・はじめに，どれか 1 つを固定して考える
・隣り合う場合は，1 つにまとめて固定
（隣り合うものの並べかえも忘れずに）

練習51 (1) 男性 2 人と女性 4 人が円形のテーブルに着席するとき，男性 2 人が
隣り合う場合は □ 通りある。　　　　　　　　〈三重県立看大〉

(2) 先生 2 人と生徒 6 人が丸いテーブルに着席するとき，先生 2 人は向かい
合って座る場合は，全部で何通りか。　　　　　　〈獨協医大附看専〉

(3) 8 人の中から 5 人を選んで円形状に並ぶとき，その並び方は □ 通り
ある。　　　　　　　　　　　　　　　　　　　〈宝塚市立看専〉

52　重複順列

1, 2, 3, 4, 5 の5種類の数字を使って3桁の整数をつくる。同じ数をくり返し使ってよいとする。

(1) 全部でいくつできるか。

(2) 百の位に1, 3, 5, 十の位に2, 4のいずれかの数がくるのはいくつできるか。

解

(1) 各位の数は，1, 2, 3, 4, 5 のどれかがくるから，各位にくる数は5通りある。

よって，$5×5×5=5^3=$ **125**（通り）

どの位にくる数も
1〜5の5通り

□ □ □
$5×5×5$

(2) 百の位が1, 3, 5の3通り。

十の位が2, 4の2通り。

一の位は1, 2, 3, 4, 5の5通り。

よって，$3×2×5=$ **30**（通り）

1,3,5の 3通り｜2,4の 2通り｜1〜5の 5通り

□ □ □
$3 × 2 × 5$

考え方

【同じものを何回使ってもよい重複順列はそれぞれに何通りの可能性があるか考える】

1つの試薬で何通りあるかしら

・重複順列では，いきなり公式にあてはめようとすると，(1)など5^3か3^5か迷ってしまいます。

・問題の意味をつかんで，それぞれの場所に何通りあるか調べるとよいでしょう。

・それから，積の法則で，次のように計算していきます。

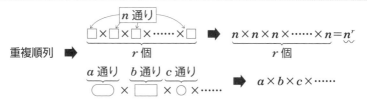

重複順列 ➡

n 通り
□×□×□×……×□ ➡ $n×n×n×……×n=n^r$
r 個　　　　　　　　　r 個

a 通り b 通り c 通り
◯ × □ × ◯ ×…… ➡ $a×b×c×……$

練習52 0, 1, 3, 4, 6の5種類の数字を使って，4桁の整数をつくるとき，以下の問いに答えよ。

(1) 各位の数字が異なるようにすると全部で ☐ 個できる。

(2) 各位の数字に重複を許すとき，偶数は全部で ☐ 個できる。

(3) 各位の数字に重複を許してつくった4桁の整数を小さい順に並べると，3110は ☐ 番目の数である。　　　〈広島市立看専〉

53 同じものを含む順列

ASAKUSA という7文字を並べかえてできる文字列を考える。

(1) 全部で何通りの文字列ができるか。

(2) このうち AAA と連続する文字列は何通りあるか。

解 (1) A，A，A，S，S，K，U

の7文字を1列に並べるから

$$\frac{7!}{3!\,2!}=\frac{7\cdot6\cdot5\cdot4}{2\cdot1}=420\ （通り）$$

←同じものを含む …… $\dfrac{n!}{p!\,q!\,r!}$
（同じものが p 個，q 個，r 個）

(2) AAA を1つとみて，

(AAA)，S，S，K，U

の5文字を1列に並べればよいから

$$\frac{5!}{2!}=5\cdot4\cdot3=60\ （通り）$$

←隣り合うものは1つにま
とめて1個と見る。

考え方 【同じものを含む順列は，すべて異なるものを並べる順列と公式が違う】

・順列を考えるとき，まず始めに同じものを含むのか，すべて異なるものなのか確認します。

・すべて異なるものならば $_nP_r$ の公式を使います。同じものがある場合は，右のように入れ替わっても同じになります。

・だから，同じものの個数の階乗で割らなくてはなりません。

同じものが含まれてますよ

同じものを含む順列 ➡ $\dfrac{n!}{p!\,q!\,r!}$ ⟵ n 個のものの中に同じものが
⟵ p 個，q 個，r 個含まれている

練習53 a，b，c，c，d，d の6文字を1列に並べるとき，次のような並べ方は何通りあるか。

(1) 並べ方の総数

(2) a，b がこの順に並ぶ並べ方

(3) a，b が隣り合わない並べ方 〈島田市立看専〉

54 いろいろな組合せ

(1)　男子 8 人，女子 5 人から 5 人の代表を選ぶとき，選び方は何通り
あるか。ただし，男子 A と女子 B は必ず選ばれるものとする。

(2)　男子 5 人，女子 3 人の中から委員 3 人を選ぶとき，少なくとも 1
人の女子を含む選び方は何通りあるか。

解

(1)　A，B を除いた 11 人から 3 人を選べばよい。

よって，$_{11}C_3 = \dfrac{11 \cdot 10 \cdot 9}{3 \cdot 2 \cdot 1} = \mathbf{165}$（通り）

←特定の A，B をはじめか
ら除いて考える。

(2)　全体の 8 人から 3 人を選ぶ選び方は

$_8C_3 = \dfrac{8 \cdot 7 \cdot 6}{3 \cdot 2 \cdot 1} = 56$

このうち，男子だけ 3 人選ばれるのは

$_5C_3 = \dfrac{5 \cdot 4 \cdot 3}{3 \cdot 2 \cdot 1} = 10$

よって，少なくとも 1 人の女子が選ばれるのは

$56 - 10 = \mathbf{46}$（通り）

考え方

【特定のものが選ばれている組合せでは，特定のも
のははじめから除いて考える】

・組合せの問題では選ばれることが決まっているこ
とがよくあります。その時は，はじめにそのもの
を除いて，残りのものだけで考えます。

・また，"少なくとも 1 人の〜"とか"〜以上""〜
以下"というとき，その反対の場合を考え，全体
の総数から引くことを考えます。

何考えてんだこっちだ

必ず選ばれる特定のものは　➡　はじめから除外して考える

少なくとも（〜を 1 つ含む）は　➡　（全体の総数）−（〜を含まない数）

練習54　ケーキ 5 個とアイスクリーム 3 個がある。これらの種類がすべて異なる
とき

(1)　ケーキ 2 個とアイスクリーム 1 個を選ぶ方法は [　　] 通りある。

(2)　特定のケーキ 2 個を含むように 4 個を選ぶ方法は [　　] 通りある。

(3)　アイスクリームを少なくとも 1 個含むように 3 個選ぶ方法は [　　] 通り
ある。

55 組の区別のつかない組分け

6人の生徒を次のように分ける方法は何通りあるか。
(1) 3人，2人，1人の3組に分ける。
(2) 2人ずつ A，B，C の3室に入れる。
(3) 2人ずつ3組に分ける。

解
(1) $_6C_3 \times _3C_2 \times 1 = \dfrac{6 \cdot 5 \cdot 4}{3 \cdot 2 \cdot 1} \times \dfrac{3 \cdot 2}{2 \cdot 1} = 60$ （通り）

(2) A室に入れる生徒の選び方は $_6C_2 = 15$
次に，B室に入れる生徒の選び方は $_4C_2 = 6$
残りのC室は自動的に決まる。
よって，$_6C_2 \times _4C_2 \times 1 = 15 \times 6 \times 1 = 90$ （通り）

(3) (2)の分け方で，A，B，Cの区別をなくした場合だから
$$_6C_2 \times _4C_2 \times 1 \div 3! = \dfrac{90}{6} = 15 \text{（通り）}$$

← 3人，2人，1人の人数の違いで組が区別される。

$_6C_2 \quad \times \quad _4C_2 \quad \times \quad 1$

$_2C_2$ は自動的に決まるから1としてもよい。

考え方

【同じ数の組分けには注意しよう】
・例題(3)のように，異なる6個①，②，③，④，⑤，⑥を2個ずつ3組に分けるとき，右図のように A，B，C の区別があるときとないときでは，3!=6（通り）の違いがでてきます。
・組の区別がつかないとは，同じ数に分けるとき，組の名称や分けたものを入れる箱の区別のない状態です。
・例題(1)のように，3個，2個，1個の組分けでは，数が違うので区別がつくと考えます。

組の区別がなければ，同じか

組の区別をつければ異なる組分けとなる。

組の区別がつかない組分け
同数の組が2組 → 2!で割る
同数の組が3組 → 3!で割る

組の区別がつかない組分け
同数の組が r 個 → $r!$ で割る

練習55 10人の生徒をいくつかのグループに分ける。このとき
(1) 2人，3人，5人の3つのグループに分ける分け方は ☐ 通りある。
(2) 3人，3人，4人の3つのグループに分ける分け方は ☐ 通りある。
(3) 2人，2人，3人，3人の4つのグループに分ける分け方は ☐ 通りある。

〈北里大看〉

56　組合せの図形への応用

図のような道路で，AからBへ行く最短の道順は何通りあるか。ただし，CD間は通れないとする。　〈札幌市立高看〉

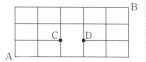

解

(i)　A～Bのすべての道順は

$$\frac{8!}{5!3!}=\frac{8\cdot7\cdot6}{3\cdot2\cdot1}=56（通り）$$

(ii)　A～Cの道順は　$\dfrac{3!}{2!}=3$（通り）

D～Bの道順は　$\dfrac{4!}{2!2!}=\dfrac{4\cdot3}{2\cdot1}=6$（通り）

A～C→D～Bの道順は　$3\times6=18$（通り）

求める道順は(i)から(ii)の場合を除けばよい。

よって，$56-18=\mathbf{38}$（通り）

←右に5区画，上に3区画
→→→→→↑↑↑
上の8つを並べる順列と考える。$_8C_5$でもよい。

←A～C－D～Bの道順は
$(A～C)\times(D～B)$
$$\dfrac{3!}{2!}\times\dfrac{4!}{2!2!}$$

考え方

【図形を題材とした組合せの問題は，考え方を覚えておかないと難しい】

・図形の問題では，点や辺をどのように，いくつ選ぶかがポイントになります。

・次の代表的な考えは覚えておきましょう。

図形の特徴に気づいてね

最短経路の道順

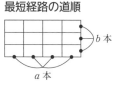

$$\frac{(a+b)!}{a!b!}通り$$

三角形をつくる

同一直線上にない3点を選べば，三角形が1つできる。

多角形の頂点

2点を選べば対角線（ただし辺は除く），3点を選べば三角形。

練習56　(1)　円周を12等分する点がある。次の問いに答えよ。

(i)　これらの点を頂点とする三角形は全部で何個できるか。

(ii)　正十二角形の対角線は何本あるか。　〈獨協医大附看専〉

(2)　図のような，碁盤の目のような道路がある。SからQへ行く最短経路は □ 通り。このうちXとYを通るのは □ 通り。XまたはYを通るのは □ 通りである。　〈高崎健康福祉大〉

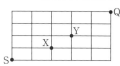

57 確率の考え方

3個のコインを同時に投げるとき，表が2枚，裏が1枚出る確率を求めよ。

解 3個のコインを同時に投げるとき
表と裏の出方は

$$2^3 = 8 （通り）$$

表が2枚，裏が1枚出るのは

㊲㊲㊱，㊲㊱㊲，㊱㊲㊲

の3通り。

よって，$\dfrac{3}{8}$

← 1個のコインは表と裏の2通りの出方がある。3個あるから，重複順列の公式 n^r より。

← ○ ○ ○
　　$_3C_2$

表2枚が出るのは，
3つの場所から2か所を選ぶと考える。この考え方ならコインの数が多くなっても大丈夫。

考え方

【確率を考えるとき，まず根元事象を考える】

・根元事象は，同じものでもすべて異なったものとして考えたときに起こりうる場合のすべてです。

・この例題では，起こりうる根元事象は次の8通りあります。

全事象

㊲㊲㊲　㊲㊲㊱　㊲㊱㊲　㊱㊲㊲
㊲㊱㊱　㊱㊲㊱　㊱㊱㊲　㊱㊱㊱

・8つの根元事象を合わせて全事象といい，確率は全事象と事象 A の起こる割合です。

確率の考え方
悟ったもんね

確率の定義 ➡ $P(A) = \dfrac{事象\ A\ の起こる数}{起こりうるすべての数}$ ←根元事象の総数

練習57 2つのさいころ A，B を投げたときに出た目をそれぞれ a，b とする。このとき，2次方程式 $x^2 - 2ax + b = 0$ について，次の問いに答えよ。

(1) この2次方程式の解が重解となる場合の確率を求めよ。

(2) この2次方程式の解が異なる2つの実数解となる場合の確率を求めよ。

〈三重県立看護大〉

58 確率の加法定理(1)（排反である場合）

> 1から20までの番号札がある。この20枚の中から1枚引くとき，5の倍数または6の倍数である確率を求めよ。

解

5の倍数である事象を A

6の倍数である事象を B　とすると

$A = \{5,\ 10,\ 15,\ 20\}$ より　$n(A)=4$

ゆえに　$P(A) = \dfrac{4}{20} = \dfrac{1}{5}$　　　　　　　　　←全事象は $n(U)=20$

$B = \{6,\ 12,\ 18\}$ より　$n(B)=3$

ゆえに　$P(B) = \dfrac{3}{20}$

A，B は互いに排反であるから

よって，$P(A) + P(B) = \dfrac{1}{5} + \dfrac{3}{20} = \dfrac{7}{20}$

> **事象 A と B が排反であるときの加法定理**
> A または B が起こる確率は
> $P(A \cup B) = P(A) + P(B)$

別解 $n(A \cup B) = n(A) + n(B) = 4 + 3 = 7$

よって，$P(A \cup B) = \dfrac{7}{20}$

考え方

【排反事象の確率は別々に求めて加える】

・排反事象とは，いくつかの事象があって，それらが同時に起こらない場合をいいます。

・例題では A と B は同時には起こらないから互いに排反であるといえます。

・排反事象の確率は，それぞれの事象の確率を加えて求めます。

次の人〜
2人同時はダメですよ

確率の加法定理 ➡ $P(A \cup B) = P(A) + P(B)$

$\begin{pmatrix} \text{事象 } A,\ B \text{ が} \\ \text{排反のとき} \end{pmatrix}$ ➡ | A または B が起こる確率 | A が起こる確率 | B が起こる確率 |

練習58　大，小2個のさいころを投げたとき，次の問いに答えよ。

(1) 出た目の和が5の倍数になる確率 $P(A)$ を求めよ。

(2) 出た目の和が6の倍数になる確率 $P(B)$ を求めよ。

(3) 出た目の和が5または6の倍数になる確率 $P(A \cup B)$ を求めよ。

59 確率の加法定理(2)（排反でない場合）

> 1 から 100 までの整数から 1 つの整数をでたらめに選ぶとき，次の確率を求めよ。
>
> (1) 2 の倍数である。　　　(2) 5 の倍数である。
>
> (3) 2 または 5 の倍数である。　　　〈栃木県立衛福大〉

解 2 の倍数である事象を A
5 の倍数である事象を B とする。

$n(A)=50,\ n(B)=20,\ n(U)=100$ より　　← $n(A),\ n(B)$ の数は次の計算で。
$$100\div2=50,\ 100\div5=20$$

(1) $P(A)=\dfrac{50}{100}=\dfrac{1}{2}$

(2) $P(B)=\dfrac{20}{100}=\dfrac{1}{5}$

(3) $n(A\cap B)=10$ だから　　　← 2 かつ 5 の倍数は 10 の倍数で
$$P(A\cup B)=P(A)+P(B)-P(A\cap B)$$
$$=\dfrac{1}{2}+\dfrac{1}{5}-\dfrac{1}{10}=\dfrac{3}{5}$$

$100\div10=10$ より $n(A\cap B)=10$

よって，$P(A\cap B)=\dfrac{10}{100}=\dfrac{1}{10}$

別解 $n(A\cup B)=n(A)+n(B)-n(A\cap B)$　　　←集合 $A\cup B$ の要素の個
$$=50+20-10=60$$
数を求めてしまう。

よって，$P(A\cup B)=\dfrac{n(A\cup B)}{n(U)}=\dfrac{60}{100}=\dfrac{3}{5}$　　　←$\dfrac{\text{事象 }A\cup B\text{ の起こる数}}{\text{起こりうるすべての数}}$

考え方

【排反でない事象は $A\cap B$ に注目する】

・事象 A と B を同時に満たす事象があるとき，A と B は排反でないといいます。

・排反でないときは，次の一般の加法定理を用いて確率を求めます。

$A\cap B$ は見つけづらいです

加法定理 ➡ $P(A\cup B)=P(A)+P(B)-P(A\cap B)$

事象 A，B が排反でないとき

| A または B が起こる確率 | A が起こる確率 | B が起こる確率 | A かつ B が起こる確率 |

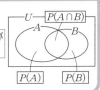

$P(A)$　$P(B)$

練習59 100 以下の自然数の中から任意に 1 つの自然数をとり出すとき，次の確率を求めよ。

(1) 3 の倍数である確率　　　(2) 4 の倍数である確率

(3) 3 または 4 の倍数である確率

60 順列と確率

a，b，c，d，e，f の 6 人が，でたらめに 1 列に並ぶとき，次の確率を求めよ。

(1) a と b が隣り合って並ぶ確率

(2) d，e，f が隣り合わない確率 〈城西放射技専〉

解　6 人の並べ方は　$_6P_6$（通り）　　　　←起こりうる場合の総数

(1) a と b が隣り合う場合の並べ方は　　　　←隣り合う場合の並べ方は
　　a，b を 1 つにして 5 人を並べる。　　　　　隣り合うものを 1 つにす
　　　$2 \times {}_5P_5$（通り）　　　　　　　　　　　　る。

　よって，$\dfrac{2 \times 5!}{6!} = \dfrac{2 \cdot \cancel{5 \cdot 4 \cdot 3 \cdot 2 \cdot 1}}{\underset{3}{\cancel{6}} \cdot \cancel{5 \cdot 4 \cdot 3 \cdot 2 \cdot 1}} = \dfrac{1}{3}$　←$\dfrac{2 \times 5!}{6!} = \dfrac{2 \times \cancel{5!}}{6 \times \cancel{5!}}$

階乗のまま約分
することもできる

(2) まず，a，b，c を並べるのは
　　　$_3P_3$ 通り
　　d，e，f を a，b，c の両端とその間に
　　入れるのは　$_4P_3$（通り）

　よって，$\dfrac{_3P_3 \times _4P_3}{_6P_6} = \dfrac{\cancel{3 \cdot 2 \cdot 1} \cdot 4 \cdot 3 \cdot 2}{\cancel{6 \cdot 5} \cdot \cancel{4 \cdot 3} \cdot \cancel{2 \cdot 1}} = \dfrac{1}{5}$

←　$_3P_3$

4 か所から 3 か所を選び
d，e，f を間に入れる。
$_4C_3 \times 3! = {}_4P_3$

考え方

【順列を題材にした確率では，"隣り合う" "両端にくる"
"間に入る" がテーマ】

・順列と確率では，隣り合う，両端にくる，間に入るが，
よく扱われます。

・まず，全部で何通りあるかを数え上げたら，条件に合
った並べ方の総数を，次の考え方で求めます。

動くと確率が
悪くなりますよ

順列と確率 ➡	・隣り合う（隣り合うものは 1 つにする）
	・両端にくる（はじめに両端にくるものを並べる）
	・間に入る＝隣り合わない（後から間に入れる）

練習60　7 枚のカードがあり，それぞれ 1 から 7 までの異なる数字が 1 つずつ書かれている。この 7 枚のカードを 1 列に並べるとき，次の確率を求めよ。

(1) 両端に奇数がくる。　　　(2) 1 と 2 が隣り合う。

(3) 奇数と偶数が交互に並ぶ。　(4) 偶数が隣り合わない。

61 組合せと確率

赤玉が5個，白玉が4個，青玉が3個入っている袋がある。この袋から玉を3個同時にとり出すとき，次の確率を求めよ。

(1) 3個とも赤である。　　(2) 3個の色がすべて異なる。

解　合わせて12個から3個とり出すのは

$$_{12}C_3=\frac{12\cdot11\cdot10}{3\cdot2\cdot1}=220（通り）$$

(1) 3個とも赤であるのは

$$_5C_3=10（通り）$$

よって，$\dfrac{10}{220}=\dfrac{1}{22}$

(2) 3個の色が異なるのは，赤，白，青をそれぞれ1個ずつとり出すことだから

$$_5C_1\times_4C_1\times_3C_1=5\times4\times3=60（通り）$$

よって，$\dfrac{60}{220}=\dfrac{3}{11}$

←全事象，すなわち全体で何通りあるか求める。
（同じ色の玉もすべて異なるものと考える。）

←赤玉5個から3個…▶$_5C_3$
（5個の赤玉も異なるものと考える。）

←単に，$5\times4\times3=60$ でもよい。

考え方
【玉をとり出したりくじを引く確率で，順番が問題にならなければ $_nC_r$】
・玉やくじを一度に何個かとり出す場合の確率は順番は関係ないので $_nC_r$ を使います。
・1個ずつ3回とり出すという場合も，1回ごとの結果が関係なければ，同時に3個とり出すことと結果的に同じになります。

今日のは組合せがいいです

組合せと確率　➡　順番が問題にされなければ $_nC_r$ で，同じものでもすべて異なるものとして数え上げる

練習61　(1) 袋の中に，白いボールが4個，黒いボールが3個，赤いボールが2個入っている。この袋の中から同時に3個のボールをとり出したとき，3個のボールの色がすべて異なる確率は ☐ であり，とり出したボールの色が2色である確率は ☐ である。〈京都橘大看〉

(2) 1から9までの数字が1つずつ書かれた9枚のカードが入っている袋がある。この中から2枚のカードをとり出すとき，その和が素数となる確率を求めよ。〈大成学院大看〉

62 余事象の確率

ある受験生が A, B, C 3 つの学校の入学試験をうける。これらの学校に合格する確率はそれぞれ $\dfrac{1}{2}$, $\dfrac{1}{3}$, $\dfrac{1}{4}$ である。すべて不合格になる確率は □ で，少なくとも 1 つに合格する確率は □ である。

解 A, B, C の学校に合格する確率をそれぞれ

$$P(A)=\frac{1}{2},\ P(B)=\frac{1}{3},\ P(C)=\frac{1}{4}$$

とすると，不合格になる確率はそれぞれ

$$P(\overline{A})=1-\frac{1}{2}=\frac{1}{2},\ P(\overline{B})=1-\frac{1}{3}=\frac{2}{3},$$

$$P(\overline{C})=1-\frac{1}{4}=\frac{3}{4}$$

すべて不合格になる確率は

$$P(\overline{A})\cdot P(\overline{B})\cdot P(\overline{C})=\frac{1}{2}\times\frac{2}{3}\times\frac{3}{4}=\frac{1}{4}$$

少なくとも 1 つ合格するのは，すべて不合格になる事象の余事象だから

$$1-\frac{1}{4}=\frac{3}{4}$$

> ┌─ (確率)＝1 ─┐
> │ 合 │ 不 │
> │ 格 │ 合 格 │
> └───────┘
>
> 「不合格になる」事象は「合格する」事象の余事象

考え方 【少なくとも……は余事象の確率を考える】

・確率の問題で，"少なくとも 1 回" "少なくとも 1 個" というような場合は，余事象の確率を考えましょう。

・それから，"〜以上" "〜以下" である確率のときもよく使われます。

・場合分けが 3 つ以上あったら余事象を考えよう。

余事象につまずいたのね

余事象の確率
$$P(A)=1-P(\overline{A})$$
➡ ・少なくとも……
・〜以上，〜以下
・場合分けが 3 つ以上
} は余事象の確率を考える

練習62 (1) 1 から 10 までの 10 枚の番号札から 3 枚を選ぶとき，最小の番号が 3 以下である確率は □ である。 〈広島市立看専〉

(2) A 組の 4 人，B 組の 5 人の中から 3 人の代表を選ぶとき，少なくとも A 組から 1 人は選ばれる確率を求めよ。 〈東京都立看専〉

63 続けて起こる場合の確率

10本中4本当たりがあるくじを，A，B，C3人がこの順にくじを引くとき，次の確率を求めよ。ただし，引いたくじはもとに戻さない。

(1) 3人とも当たる。　　　　　　(2) Aだけが当たる。

解　(1)　はじめにAが当たる確率は $\frac{4}{10}$，次に，Bが当たる確率は $\frac{3}{9}$

そして，Cが当たる確率は $\frac{2}{8}$

よって，$\frac{4}{10} \times \frac{3}{9} \times \frac{2}{8} = \frac{1}{30}$

10本中 4本　9本中 3本　8本中 2本

(2)　はじめにAが当たる確率は $\frac{4}{10}$，次に，Bがはずれる確率は $\frac{6}{9}$

さらに，Cがはずれる確率は $\frac{5}{8}$

よって，$\frac{4}{10} \times \frac{6}{9} \times \frac{5}{8} = \frac{1}{6}$

←A，B，Cそれぞれが引くとき，当たりくじとはずれくじの数を確認し，その確率を掛けていく。

考え方

【続けて起こる場合の確率は，その回ごとの確率を素直に掛けていく】

・くじを引く試行では，もとに戻さないで続けて引くことがあります。

・コインやさいころを続けて投げる場合にも，1回目は～，2回目は～と条件を指定されることがあります。

・このように続けて起こる確率を求めるには，その回ごとの試行を独立させて考えます。

その回ごとの確率を出して掛けます

続けて起こる確率　➡　はじめにAが起こり続けてBが起こる　➡　$P(A) \times P(B)$

練習63　(1)　さいころを2回続けて投げるとき，1回目は4以下の目，2回目は4以上の目が出る確率は ☐ である。　　　〈東京都済生会看専〉

(2)　赤球1個，青球2個，白球3個の合計6個の入った袋から球を1個とり出し，もとに戻す試行を3回くり返すとき，次の問いに答えよ。

(i)　とり出された球の色が3回とも同じである確率は ☐ である。

(ii)　とり出された球の色がすべて異なる確率は ☐ である。

〈広島市立看専〉

64 さいころの確率

3個のさいころを同時に投げるとき，次の確率を求めよ。

(1) 3個とも異なる目が出る。

(2) 目の最大値が5である。 〈東海大健康科学看〉

解 (1) 3個のさいころを投げるとき

目の出方は 6^3（通り）

3個とも異なる目の出方は ${}_6P_3$（通り）

よって，$\dfrac{{}_6P_3}{6^3} = \dfrac{6 \cdot 5 \cdot 4}{6 \cdot 6 \cdot 6} = \dfrac{5}{9}$

> ← 1から6の異なる6個の数から3個取り出して，A，B，Cに並べると考える。
>
> A B C
>
> | どの目でもよいから $\dfrac{6}{6}$ | Aと異なる目だから $\dfrac{5}{6}$ | A，Bと異なる目だから $\dfrac{4}{6}$ |

別解 3個のさいころを A，B，C とすると

A，B，C の目がどれも異なるのは

$$\dfrac{6}{6} \times \dfrac{5}{6} \times \dfrac{4}{6} = \dfrac{5}{9}$$

(2) ［3個とも1〜5のいずれかの目］－［3個とも1〜4のいずれかの目］＝［少なくとも1個は5の目が出る］

$$\left(\dfrac{5}{6}\right)^3 - \left(\dfrac{4}{6}\right)^3 = \dfrac{125 - 64}{216} = \dfrac{61}{216}$$

考え方

・r（$1 \leqq r \leqq 6$）個のさいころを同時に投げるとき，すべて異なる目が出る場合の確率は ${}_6P_r$ で数を並べるか，別解のように1個1個のそれぞれの確率を掛けていくかです。

・出る目の最大値が5である確率は

$$\binom{\text{5以下の目}}{\text{が出る確率}} - \binom{\text{4以下の目}}{\text{が出る確率}}$$

ここは少なくとも1つは5ですよ

1〜5の目
1〜4の目

n 個のさいころを投げたとき目の最大値が k である確率は ➡ $\left(\dfrac{k}{6}\right)^n - \left(\dfrac{k-1}{6}\right)^n$

k 以下　$k-1$ 以下

練習64 3個のさいころを同時に投げるとき，次の確率を求めよ。

(1) 少なくとも1個は6の目が出る。 (2) 目の最大値が4である。

(3) 目の最小値が2である。 〈関西福祉大〉

65 反復試行の確率

> 1個のさいころを4回投げるとき，次の確率を求めよ。
>
> (1) 1の目が2回出る確率　　(2) 1または2の目が1回出る。

解

(1) 1の目の出る確率は $\dfrac{1}{6}$ 　　　　○は1の目の出る確率で $\dfrac{1}{6}$

1の目以外の目の出る確率は $\dfrac{5}{6}$ 　×は1の目の出ない確率で $\dfrac{5}{6}$

1の目が4回中2回出るから

1回目	2回目	3回目	4回目
○	○	×	×
○	×	○	×
○	×	×	○
×	○	×	×
×	○	○	×
×	○	×	○

$$_4C_2 \times \left(\frac{1}{6}\right)^2 \times \left(\frac{5}{6}\right)^2$$

$$= 6 \times \frac{5^2}{6^4} = \frac{25}{216}$$

確率はすべて $\left(\dfrac{1}{6}\right)^2 \left(\dfrac{5}{6}\right)^2$

(2) 1か2の目の出る確率は $\dfrac{2}{6} = \dfrac{1}{3}$ 　　○が2回，×が2回起こる起こり方は $_4C_2$ 通りある。

よって，$_4C_1 \times \left(\dfrac{1}{3}\right)^1 \times \left(\dfrac{2}{3}\right)^3 = 4 \times \dfrac{2^3}{3^4} = \dfrac{32}{81}$

考え方

【反復試行の確率は $_nC_r$ を忘れない】

・さいころやコインを投げることをくり返し行う試行を反復試行といいます。

・例題では，$\left(\dfrac{1}{6}\right)^2 \times \left(\dfrac{5}{6}\right)^2$ は思いつくが，4回中，2回起こるパターンの $_4C_2$ を忘れがちです。

・n 回試行して r 回起こる場合，その起こるパターンが $_nC_r$ 回起こることを忘れないように。

$_nC_r$ がわかるまで反復

反復試行の確率 ➡ $\dfrac{n \text{ 回の試行で，　確率 } p \text{ である事象が } r \text{ 回}}{_nC_r\, p^r (1-p)^{n-r}}$

練習65 (1) 1枚の硬貨を5回投げるとき，次の確率を求めよ。

(i) 表が3回，裏が2回出る。　　(ii) 少なくとも1回は表が出る。

〈鹿児島純心女大看〉

(2) A，B 2人があるゲームをする。1回のゲームで A が勝つ確率は $\dfrac{1}{3}$ で，引き分けはないものとする。先に4勝した方が優勝とするとき，7回目のゲームで優勝者が決まる確率を求めよ。　　〈島田市立看専〉

66 条件付き確率（原因の確率）

> 赤球 4 個，白球 2 個が入った袋の中から，1 球ずつ 2 個とり出すとき，次の確率を求めよ。
>
> (1) 1 回目が赤球であったとき，2 回目が白球である
>
> (2) 2 回目が白球であったとき，1 回目が赤球である

 解　1 回目が赤球である事象を A，2 回目が白球である事象を B とする。

(1) 1 回目の赤球のとり出し方は 4 通り，2 回目は何色でもよいから

$$n(A)=4\times5=20 \text{（通り）}$$

1 回目が赤球で，2 回目は白球であるのは　　　　　1 回目に赤球をとり出した後の

$$n(A\cap B)=4\times2=8 \text{（通り）}$$
　　　　袋の中には，赤球 3 個と白球 2

よって，$P_A(B)=\dfrac{n(A\cap B)}{n(A)}=\dfrac{8}{20}=\dfrac{2}{5}$　　←個あるから $\dfrac{2}{5}$ としてもよい。

(2) 2 回目が白球である $n(B)$ は，次の(i)，(ii)である。

(i) 1 回目は赤球で，2 回目が白球であるとき

$$n(A\cap B)=4\times2=8 \text{（通り）}$$

(ii) 1 回目は白球で，2 回目が白球であるとき

$$n(\overline{A}\cap B)=2\times1=2 \text{（通り）}$$
　　　　←$\overline{A}$ は 1 回目に白球が出る事象

よって，$P_B(A)=\dfrac{n(A\cap B)}{n(B)}=\dfrac{8}{8+2}=\dfrac{4}{5}$

考え方

【条件付き確率では，分母になる事象と分子になる事象を
問題文から読みとる】

目を大きくあけて
条件を見ましょう

・条件付き確率 $P_A(B)$ は，A が起こった後の状態を全事象
　にしたときの B の起こる確率です。

・これを，単に A と B が同時に起こる確率 $P(A)\times P(B)$
　と混同しないように。

条件付き
確率　➡　$P_A(B)=\dfrac{n(A\cap B)}{n(A)}=\dfrac{P(A\cap B)}{P(A)}$

$\quad\quad$　┌── B が起こる確率

$\quad\quad$　←A と B が同時に起こる確率

$\quad\quad$　←A が起こる確率

$\quad\quad$　└── A が起こった条件のもとで

練習66　赤球 3 個，白球 5 個が入った袋の中から，1 球ずつ 2 個取り出すとき，次
の条件付き確率を求めよ。

(1) 1 回目が赤球であったとき，2 回目は白球である

(2) 2 回目が白球であったとき，1 回目は赤球である

67 期待値

赤球が2個，白球が3個の合計5個が入っている袋の中から，2個の球をとり出すとき，次の問いに答えよ。

(1) 赤球が0個，1個，2個とり出される確率をそれぞれ求めよ。

(2) 赤球がとり出される個数の期待値を求めよ。　　〈杏林大医附看専〉

解

(1) 5個から2個とり出すのは $_5C_2=10$ 通り

赤球が0個である確率は　$\dfrac{_2C_0\times_3C_2}{_5C_2}=\dfrac{3}{10}$

赤球が1個である確率は　$\dfrac{_2C_1\times_3C_1}{_5C_2}=\dfrac{6}{10}=\dfrac{3}{5}$

赤球が2個である確率は　$\dfrac{_2C_2\times_3C_0}{_5C_2}=\dfrac{1}{10}$

(2) とり出される赤球の個数を X とすると，X とそれに対応する確率は右の表のようになる。

期待値を E とすると

X	0	1	2	計
P	$\dfrac{3}{10}$	$\dfrac{6}{10}$	$\dfrac{1}{10}$	1

$$E=0\times\dfrac{3}{10}+1\times\dfrac{6}{10}+2\times\dfrac{1}{10}=\dfrac{4}{5}\ (個)$$

考え方

【期待値】

・期待値を求めるには，例題のように変数 X にあたるものと，それに対応する確率を求めます。

・X と対応する確率 P との対応表をつくって次の式で求めるのがわかりやすいです。

予防接種は期待できます

確率 p に対応する変数

x の起こる確率

期待値 $E=x_1p_1+x_2p_2+\cdots\cdots+x_np_n$

（　$p_1+p_2+\cdots\cdots+p_n=1$　）

X	x_1	x_2	$\cdots\cdots$	x_n	計
P	p_1	p_2	$\cdots\cdots$	p_n	1

練習67

(1) 1等賞金1000円が10本，2等賞金500円が20本，3等賞金200円が30本，はずれくじが40本のくじが40本のくじがある。このくじを1本引いたときの期待値（金額）を求めよ。　　〈東京都済生会看専〉

(2) 500円硬貨を5枚投げて，表の出た硬貨を受け取るものとする。このときの期待金額を求めよ。　　〈国立療養附看〉

68 円周角，接弦定理，円に内接する四角形

下の図において，x と y の値を求めよ。

(1) 　　(2) 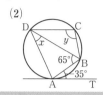　　(3)

解

(1) $x=\angle\mathrm{CAD}=\mathbf{60°}$

$y=2x=\mathbf{120°}$

(2) $x=\angle\mathrm{BAT}=\mathbf{35°}$

$\angle\mathrm{BAD}=180°-(65°+35°)=80°$

$y+80°=180°$ より $y=\mathbf{100°}$

(3) $\angle\mathrm{ADC}=70°$

$x=180°-70°=\mathbf{110°}$

←等しい弧に対する円周角。

←中心角は円周角の2倍。

←接弦定理

←△ABD の内角の和は180°

←円に内接する四角形の向かい合う角の和は180°

←向かい合う角と外角は等しい。

考え方

【円に関する定理は公式の形を覚える】

・円周角や接弦定理等の円に関わる角の定理は，図形の基本です。

・図形によっては，公式に結びつけにくいこともあるので，いつも頭の中で角を動かすことをしてください。

直径に対する円周角は90°

等しい弧に対する円周角は等しい

中心角は円周角の2倍

直径かどうかは重要だ！

接弦定理　　　　円に内接する四角形

弦に対する円周角

円の接線と接点を通る弦とのつくる角

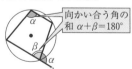

向かい合う角の和 $\alpha+\beta=180°$

練習68 下の図において，x と y の値を求めよ。

(1)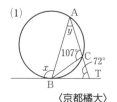
〈京都橘大〉

(2)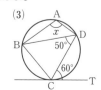
〈獨協医大附看専〉

(3)
〈 〉

(4)
〈東群馬看専〉

69 内心と外心

右の図において，x と y の値を求めよ。ただし，I は内心，O は外心である。

(1)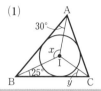

(2)

解

(1)　∠IBA＝25°　　　　　　　　←IB は ∠ABC の2等分線

　　$x＝180°－(30°＋25°)＝\mathbf{125°}$

　　∠BAC＝60°　　　　　　　　←IA は ∠BAC の2等分線

　　$2y＝∠ACB＝180°－(60°＋50°)＝70°$

　　よって，$y＝\mathbf{35°}$

(2)　△OAB，△OBC，△OCA は二等　←円 O が外接円だから OA＝OB＝OC
　辺三角形だから

　　$x＝∠OAB＝\mathbf{15°}$

　　$y＝2∠ABC＝2×(15°＋35°)＝\mathbf{100°}$　←中心角は円周角の2倍。

考え方

【三角形の内心は頂角の2等分線の交点，外心は各辺の垂直2等分線の交点】

・三角形の内心と外心は，角を2等分するか辺を垂直2等分するかのどちらかです。

・迷ったら鈍角三角形で考えよう。外心は三角形の外に出るからすぐわかります。

・内心は内接円の中心，外心は外接円の中心で，それぞれ次のような性質があります。

内心ヒヤヒヤしてたけど下ってよかった

内心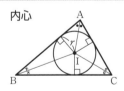

各頂角の2等分線

外心

OA＝OB＝OC
（外接円の半径）

各辺の垂直2等分線

練習69　右の図において，x，y の値を求めよ。ただし，I は内心，O は外心である。

(1)

〈三重県立看護大〉

(2)

〈健和看護院〉

70 角の2等分線と対辺の比

右の図において，次の値を求めよ。ただし，I は △ABC の内心である。

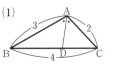
(1)

(2)

(1) BD (2) AI：ID

 (1) AD が ∠A の2等分線だから

AB：AC＝BD：DC＝3：2

よって，$BD=4×\dfrac{3}{3+2}=\dfrac{12}{5}$

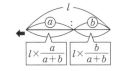

(2) I が △ABC の内心より，BI は ∠B の2等分線だから

BA：BD＝AI：ID

BA＝3，(1)より $BD=\dfrac{12}{5}$

よって，$AI：ID=3：\dfrac{12}{5}=5：4$

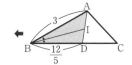

【角の2等分線と対辺の比は，最重要公式】

・図形の問題では，よく出てくる条件で，この公式だけは知らないとどうにもなりません。

・角の2等分線が出てきたら，対辺の比がわかる。これを，図形とともに覚えることが大切です。

・角の2等分線と中線（右図）を同じと考えている人がいますが，違います。注意してください。

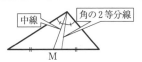

角の2等分線と中線は違います

角の2等分線 ➡
AB：AC＝BD：DC
($a：b=ⓐ：ⓑ$)

練習70 下の図において，次の値を求めよ。ただし，I は △ABC の内心である。

(1) CD の長さ (2) AD の長さ (3) AI：ID

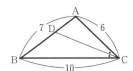

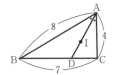

〈西武文理大看〉

71 方べきの定理

次の図において，x の値を求めよ。ただし，T は接点である。

(1) 　(2) 　(3)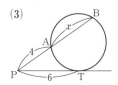

解 方べきの定理を利用する。

(1) $PA \cdot PB = PC \cdot PD$ より
$8 \cdot x = 6 \cdot 4$ よって，$x = 3$

(2) $PA \cdot PB = PC \cdot PD$ より
$3 \cdot (3 + x) = 4 \cdot 12$
$3x = 39$ よって，$x = 13$

(3) $PA \cdot PB = PT^2$ より
$4 \cdot (x + 4) = 6^2$
$4x = 20$ よって，$x = 5$

方べきの定理

$\triangle PAC \backsim \triangle PDB$ より
$PA : PD = PC : PB$
よって，$PA \cdot PB = PC \cdot PD$

考え方 【円と2直線は方べきの定理の予感がする】
・方べきの定理は忘れても，証明のように2つの三角形の相似を考えれば大丈夫です。
・この定理は円と円と交わる2直線があったとき，多く使います。
・右のような勘違いをすることも多いので注意しましょう。

方べきの定理　　$PA \cdot PB = PC \cdot PD$　　$PA \cdot PB = PT^2$

練習71 次の図において，x の値を求めよ。

(1)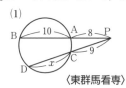
〈東群馬看専〉

(2)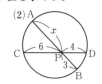

(3)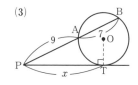

72 円と接線，2円の関係

(1)，(2)は x の値を，(3)は2円が交わるための d の値の範囲を求めよ。

(1) 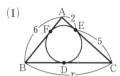　　(2) 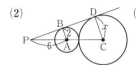　　(3)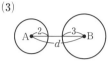

解
(1)　AF＝AE＝2
　　　BF＝BD＝6－2＝4
　　　CE＝CD＝5
　　　よって，x＝BC＝BD＋DC＝4＋5＝**9**

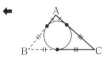

(2)　△PAB∽△PCD だから
　　　PA：AB＝PC：CD
　　　6：2＝(6＋2＋x)：x
　　　6x＝2(8＋x)　より　**x＝4**

a：b＝c：d

(3)　2円が外接するとき　d＝2＋3＝5
　　　2円が内接するとき　d＝3－2＝1
　　　よって，**1＜d＜5**

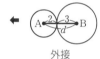
外接　　　内接

考え方

【円と接線，円と円の関係の図形の特性】
・1点から円に引いた接線の長さは等しい。
・円の中心から接点に垂線を引いて直角三角
　形をつくり，三平方の定理を使う。

よくここまで
頑張ったわね

数I　数A

円と接線　　　　2円の共通接線　　　　　　2円の関係

PA＝PB　　　相似，三平方の定理　　　外接するとき　と　内接する
　　　　　　　を活用する　　　　　　　ときの d の値を求める

練習72　(1)，(2)は x の値を，(3)は2円が交わるための d の値の範囲を求めよ。

(1) 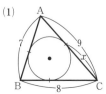　　(2)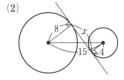

〈日白大学看〉

(3)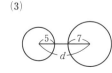

73 素因数分解と約数

(1) 84 と 180 の最大公約数と最小公倍数を求めよ。
(2) 72 の正の約数の個数と総和を求めよ。

解

(1)　$84 = 2^2 \times 3 \times 7$

　　　$180 = 2^2 \times 3^2 \times 5$

　　最大公約数は　$2^2 \times 3 = \mathbf{12}$

　　最小公倍数は

　　　$2^2 \times 3^2 \times 5 \times 7 = \mathbf{1260}$

(2)　$72 = 2^3 \times 3^2$

　　約数の個数は

　　　$(3+1) \times (2+1) = \mathbf{12}$（個）

　　約数の総和は

　　　$(1 + 2 + 2^2 + 2^3)(1 + 3 + 3^2)$

　　　$= 15 \times 13 = \mathbf{195}$

$$
\begin{array}{l}
84 = 2 \times 2 \times 3 \times 7 \\
180 = 2 \times 2 \times 3 \times 3 \times 5
\end{array}
$$

$G = 2 \times 2 \times 3 = 12$　共通な因数

$L = G \times 3 \times 5 \times 7$　残りの素因数

←約数は素因数の組合せでできている。

$1 \begin{cases} 1 \cdots 1 \\ 3 \cdots 3 \\ 3^2 \cdots 9 \end{cases}$　$2 \begin{cases} 1 \cdots 2 \\ 3 \cdots 6 \\ 3^2 \cdots 18 \end{cases}$

$2^2 \begin{cases} 1 \cdots 4 \\ 3 \cdots 12 \\ 3^2 \cdots 36 \end{cases}$　$2^3 \begin{cases} 1 \cdots 8 \\ 3 \cdots 24 \\ 3^2 \cdots 72 \end{cases}$

考え方

【約数に関する問題は素因数分解から】

・2つ以上の自然数の最大公約数，最小公倍数はそれぞれの数を素因数に分解して，(1)のように求めます。

・自然数の約数の個数や約数の総和も素因数分解して求めます。次の公式を覚えておくとよいでしょう。

何考えてるの！
約数の問題は
素因数分解よ！

自然数 N が　$N = a^x b^y c^z \cdots\cdots$
と素因数分解できるとき

➡

約数の個数は
$(x+1)(y+1)(z+1)\cdots\cdots$
約数の総和は
$(1 + a + \cdots + a^x)(1 + b + \cdots b^y)\cdots\cdots$

練習73　(1)　90 と 150 の最大公約数と最小公倍数を求めよ。

(2)　180 の正の約数の個数は ☐，約数の総和は ☐ である。

(3)　30 と自然数 n の最小公倍数が 180 となるような n をすべて求めよ。

(4)　n を正の整数とするとき $\sqrt{\dfrac{24n}{5}}$ が整数となるような最小の n は ☐ である。〈神奈川県立看専〉

(5)　正の約数の個数が 6 個であるような最小の自然数は ☐ である。

〈広島市立看専〉

74 最大公約数・最小公倍数

最大公約数が 3，最小公倍数が 90 の 2 数があり，それらの和は 33 である。この 2 数 A，B $(A<B)$ を求めよ。

解

2 数 A，B は最大公約数が 3 だから

$$A=3a \quad , \quad B=3b$$

(a，b は互いに素で，$a<b$) と表すと

最小公倍数は $3ab=90$ より $ab=30$ ……①

2 数の和は $3a+3b=33$ より $a+b=11$ ……②

a，b は互いに素であるから①，②を満たすのは

$a<b$ より $a=5$，$b=6$ のとき。

よって，$A=15$，$B=18$

←2 数 A，B を最大公約数 G と互いに素な 2 数 a，b で表す。

←$a+b=11$ の組合せは

$(a, b)=(1, 10), (2, 9)$

$\qquad\qquad (3, 8), (4, 7)$

$\qquad\qquad (5, 6)$

①，②の連立方程式は，次のように解いてもよい。

$$ab=30 \quad ……①, \quad a+b=11 \quad ……②$$

②より $b=11-a$ として①に代入して

$$a(11-a)=30, \quad a^2-11a+30=0$$

$$(a-5)(a-6)=0 \quad より \quad a=5, 6$$

$a<b$ より $a=5$，$b=6$

←b を消去して a の 2 次方程式にする。

考え方

【2 数 A，B は最大公約数 G と互いに素な 2 数 a，b を用いて表す】

・例えば 2 つの数 12 と 18 は最大公約数が 6 だから

12＝6× **2**，18＝6× **3** と表すことができる。このとき，**2** と **3** は互いに素です。

・このように，2 数 A，B について，次の関係を理解することが大切です。

2 数の最大公約数 G を使って表します

2 つの自然数 A，B の最大公約数と最小公倍数

G.C.D.$=G$

（最大公約数）

L.C.M.$=L$

（最小公倍数）

$\Longrightarrow$

$A=Ga$

$B=Gb$

互いに素 $\Longrightarrow L=Gab, \quad AB=LG$

練習74 和が 90，最大公約数が 15 であるような 2 つの正の整数 A，B は $A<B$ として $A=\boxed{}$，$B=\boxed{}$ である。 〈国立看護大学校看〉

75 互除法

(1) 互除法を利用して，95 と 133 の最大公約数を求めよ。

(2) 互除法を利用して，等式 $31x+9y=1$ を満たす整数 x，y の組を
1つ求めよ。

解　(1)　右の計算より

$133=95\times1+38$ ◄ … 余り 38

$95=38\times2+19$ ◄ … 余り 19

$38=19\times2$ ◄ … 割り切れる。

よって，最大公約数は **19**

(2)　$31=9\times3+4$ ……▶ $4=31-9\times3$ ……①

$9=4\times2+1$ ……▶ $1=9-4\times2$ ……②

①を②に代入して

$1=9-(31-9\times3)\times2=31\times(-2)+9\times7$

$31\times(-2)+9\times7=1$

よって，x，y の組の1つは **$x=-2$，$y=7$**

$$
\begin{array}{cccc}
 & 2 & 2 & 1 \\
19) & 38) & 95) & 133 \\
 & 38 & 76 & 95 \\
 & 0 & 19 & 38
\end{array}
$$

◄ ①，②より31と9を残
すために4を消去する。

◄ $9-31\times2+9\times6$
$=31\times(-2)+9\times7$

考え方

【互除法は割った数を余りで割っていく】

・はじめに大きい方の数を小さい方の数で割
り，その余りで割った数を割っていくこと
を続けます。

・割り切れたときの値が，最大公約数で，最
後まで割り切れないとき，2数は互いに素
です。

・(1)の例では，次のような原理です。

$$
\begin{array}{c}
\overbrace{95\times1+\textcircled{38}}^{} \quad \overbrace{38\times2+\textcircled{19}}^{} \\
(133,\ 95) \longrightarrow (38,\ 95) \longrightarrow (38,\ 19) \longrightarrow (0,\ 19) \\
\underbrace{19\times2+\textcircled{0}}_{}
\end{array}
$$

正方形が
できるところです

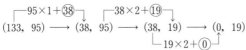

互除法 ➡ まず，(大きい数)÷(小さい数) を計算。余りで，
割った数を順々に，割り切れるまで割っていく。

練習75　(1)　互除法を利用して，次の2数の最大公約数を求めよ。

(i)　119，133　　　〈自治医大看〉　(ii)　561，442　　　〈広島市看専〉

(2)　互除法を利用して，次の等式を満たす整数 x，y の組を1組求めよ。

(i)　$17x+15y=1$　〈山口県立萩看専〉　(ii)　$51x-19y=1$

76 不定方程式 $ax+by=c$ の解

不定方程式 $5x+3y=1$ を満たす x, y の整数解をすべて求めよ。

解

$5x+3y=1$　……①　とおくと

①の１つの整数解は $x=-1$, $y=2$ だから　　　◀整数解の１つを見つける。

$5\cdot(-1)+3\cdot2=1$　……②　　　　　　　　◀整数解を代入した式を書く

①－②より

$5(x+1)+3(y-2)=0$

$5(x+1)=3(2-y)$

３と５は互いに素であるから k を整数として

$x+1=3k$, $2-y=5k$

と表せる。

よって，$x=3k-1$, $y=-5k+2$（k は整数）

> **$ax=by$ の解**
> a と b が互いに素であるとき，
> $x=bk$, $y=ak$
> 　　　　（k は整数）
> と表せる。

考え方

【$ax+by=1$ のすべての解を求めるには，まず１組の整数解を求めよう】

・$ax+by=1$ を満たすすべての解を求めるにはまず，１組の整数解を求めて，もとの方程式に代入した式を書きます。

・それから，解答のように辺々引き算して，互いに素であることを利用して求めます。

・１組の整数解は直感的に求めればよいのですが，係数が大きくなって求めにくいときは，互除法を利用するとよいでしょう。

どうしました

１つの整数解さえわかれば

$ax+by=c$　……①　の整数解は

$ax_0+by_0=c$ ……②　となる整数解を１組見つける。

①－②より　$a(x-x_0)+b(y-y_0)=0$　をつくる。

解は，$x=bk+x_0$, $y=-ak+y_0$（k は整数）となる。

練習76　(1)　次の不定方程式を満たす x, y の整数解をすべて求めよ。

　(i)　$7x+5y=1$　　　　　　　　　(ii)　$31x+9y=1$

(2)　７で割ると３余り，５で割ると２余る３桁の自然数のうち最大のものを n とすると $n=\boxed{}$ である。　　　　　　　〈広島市立看専〉

77 不定方程式 $xy+px+qy=r$ の整数解

方程式 $xy+2x+3y=18$ を満たす自然数 (x, y) の組をすべて求めよ。

解 $xy+2x+3y=18$ より

$(x+3)(y+2)-6=18$

$(x+3)(y+2)=24$ ……①

x, y は自然数だから $x+3≧4$, $y+2≧3$

したがって，①を満たす組は

$(x+3, y+2)=(4, 6), (6, 4), (8, 3)$

よって，$(x, y)=(1, 4), (3, 2), (5, 1)$

←$xy+2x+3y=18$

$(x+\boxed{↓})(y+\boxed{↘})-\boxed{}\cdot\bigcirc=18$

$(x+\boxed{3})(y+\boxed{2})-\boxed{3}\cdot\boxed{2}=18$
　　　　　　　6

　　　　　$\boxed{6 を引いて相殺}$

別解 与式の変形は次のようにしてもよい。

$xy+2x+3y=18$

$x(y+2)+3(y+2)-6=18$

$(x+3)(y+2)=24$

←$xy+2x+3y=18$

$x(y+2)+3(y+2)-3\cdot2=18$

$\boxed{x の係数 y+2 をつくる}$

考え方 【$xy+\bigcirc x+\square y=r$ の整数解は

$(x+\square)(y+\bigcirc)=$（整数）の形に変形する】

・不定方程式は，左辺の因数分解変形にかかっています。

・**解** は $(x+\square)(y+\bigcirc)-\square\cdot\bigcirc$ の形をつくっておいて，$\square$ と $\bigcirc$ に数をあてはめるもの。

別解 は x の係数を出して，y の項を x の係数の形になるように変形するものです。

$\dfrac{1}{x}+\dfrac{1}{y}=\dfrac{1}{4}$ は $4xy$ を掛けて分母を払うと $xy=4x+4y$ となります

これも見て～！

$xy+px+qy=r$ の整数解 ➡ $(x+q)(y+p)=c$ に変形

$\dfrac{a}{x}+\dfrac{b}{y}=1$ の整数解 ➡ 分母を払って $xy=bx+ay$ とする

練習77 (1) $xy+x-2y=7$ を満たす整数 (x, y) の組を求めよ。〈三重県立看大〉

(2) $\dfrac{3}{x}+\dfrac{2}{y}=1$ は変形すると $(x-\boxed{})(y-\boxed{})=\boxed{}$ であるので、これを満たす整数の組のうち，x の値が最も小さいのは $(x, y)=(\boxed{}, \boxed{})$ であり，x の値が最も大きいのは $(x, y)=(\boxed{}, \boxed{})$ である。

〈椙山女学園大看〉

78　p 進法

(1)　5 進法で 1234 と表された数は 10 進法では □ となり，10 進法で表された 32 を 3 進法で表すと □ となる。

(2)　10 進法で $438_{(10)}$ と表される数を何進法で表すと 666 となるか。

解　(1)　$1234_{(5)} = 1 \times 5^3 + 2 \times 5^2 + 3 \times 5^1 + 4 \times 5^0$

$\qquad\qquad = 125 + 50 + 15 + 4$

$\qquad\qquad = \mathbf{194}$

右の割り算より

$\qquad 32 = \mathbf{1012}_{(3)}$

3 で割った余りを書く

$$
\begin{array}{r}
3)\,32 \\
\hline
3)\,10 \cdots 2 \\
\hline
3)\ 3 \cdots 1 \\
\hline
1 \cdots 0
\end{array}
$$

この順に書く

(2)　438 を p 進法で表すと 666 だから

$\quad 6 \times p^2 + 6 \times p^1 + 6 \times p^0 = 438$ が成り立つ。

$\quad 6p^2 + 6p + 6 = 438$

$\quad p^2 + p - 72 = 0, \quad (p-8)(p+9) = 0$

$\quad p \geqq 7$ なので $p = 8$

$\quad$よって，**8 進法**

← $666_{(p)}$ と表されるから $p \geqq 7$ の自然数

考え方

【p 進法の表記は 10 進法を理解すること】

・10 進法の意味を理解すれば，10 進法以外の表記についても同様に考えられます。

・例えば 365.24 は 10 進法の表記では

$$365.24 = 3 \times 10^2 + 6 \times 10^1 + 5 \times 10^0 + 2 \times \frac{1}{10} + 4 \times \frac{1}{10^2}$$

ということです。

・逆に，10 進法で表された数を p 進法で表すには p で順次割って，余りを出せば求まります。

13 を 2 進法で表すとこうなるよ

$$
\begin{array}{r}
2)\,13 \ \text{余り} \\
\hline
2)\ 6 \cdots 1 \\
\hline
2)\ 3 \cdots 0 \\
\hline
1 \cdots 1
\end{array}
$$

書く順序 $1101_{(2)}$

p 進法の数を 10 進法で表すと

$$123.45_{(p)} \ \blacktriangleright \ 1 \times p^2 + 2 \times p^1 + 3 \times p^0 + 4 \times \frac{1}{p} + 5 \times \frac{1}{p^2}$$

練習78　(1)　3 進法で表された $212_{(3)}$ を 10 進法で表すと □ であり，3 進法で表された $212_{(3)}$ を 2 進法で表すと □ である。　〈広島市立看専〉

(2)　$1011_{(2)} + 1101_{(2)} = \boxed{}_{(2)}$ であり，$1011_{(2)} \times 11_{(2)} = \boxed{}_{(2)}$ となる。

(3)　10 進法で表された 80 を n 進法で表すと 212 になる。このとき，n を求めよ。

79 二項定理・多項定理

(1) $(x+2)^{10}$ の展開式において，x^8 の係数は ☐ である。

(2) $(x-3y+2z)^5$ の展開式において，xy^2z^2 の項の係数は ☐ である。
〈明治大〉

解

(1) $(x+2)^{10}$ の展開式の一般項は

$$_{10}C_r\, x^{10-r}\cdot 2^r$$

x^8 の係数は $10-r=8$ より $r=2$ のとき

よって，$_{10}C_2\cdot 2^2=45\times 4=\mathbf{180}$

◀一般項 $_nC_r\,a^{n-r}b^r$ にあてはめる。

(2) $(x-3y+2z)^5$ の展開式の一般項は

$$\frac{5!}{p!\,q!\,r!}x^p(-3y)^q(2z)^r \quad (p+q+r=5)$$

$$=\frac{5!}{p!\,q!\,r!}(-3)^q\cdot 2^r x^p y^q z^r$$

xy^2z^2 の係数は $p=1$，$q=2$，$r=2$ のとき

よって，$\dfrac{5!}{1!\,2!\,2!}(-3)^2\cdot 2^2=30\times 9\times 4=\mathbf{1080}$

◀一般項 $\dfrac{n!}{p!\,q!\,r!}a^p b^q c^r$ にあてはめる。

◀$(-3y)^q=(-3)^q y^q$，$(2z)^r=2^r z^r$ 係数と文字を分けると計算しやすい。

考え方

【二項定理・多項定理は一般項を書く】

・二項定理・多項定理を使って，係数を求めるには一般項を覚えておくしかありません。

・一般項をかいて，二項定理は r を，多項定理は p，q，r を決定します。

・$(a+b)^n=\,_nC_0 a^n+\,_nC_1 a^{n-1}b+\,_nC_2 a^{n-2}b^2+\cdots$
　　　$\cdots+\,\underset{\sim}{_nC_r a^{n-r}b^r}+\cdots+\,_nC_{n-1}ab^{n-1}+\,_nC_n b^n$

の式は，$\underset{\sim}{}$ の一般項に $r=0$，1，2，$\cdots$ を代入して得られます。

アーンして まず，一般項をかこうね！

二項定理 ➡ $(a+b)^n$ の一般項は $_nC_r\,a^{n-r}b^r$

多項定理 ➡ $(a+b+c)^n$ の一般項は $\dfrac{n!}{p!\,q!\,r!}a^p b^q c^r$ $(p+q+r=n)$

練習79 (1) $(2x-y)^5$ を展開したとき，x^3y^2 の係数を求めよ。 〈畿央大看〉

(2) $\left(x^2+\dfrac{2}{x}\right)^6$ の展開式における定数項は ☐ である。 〈杏林大医附看〉

(3) $(a+b-1)^7$ の展開式における a^2b の係数は ☐ である。 〈広島市看専〉

80 整式の割り算

$(2x^3+2x^2-1)\div(x^2-2)$ を計算すると，商は $\boxed{}$，余りは $\boxed{}$ となる。

解

$$
\begin{array}{r}
2x\ +2 \\
x^2-2\overline{\big)\ 2x^3+2x^2\ \bigcirc\ -1} \\
\underline{-\big)\ 2x^3\ \bigcirc\ -4x}\quad\leftarrow(x^2-2)\times2x \\
2x^2+4x-1 \\
\underline{-\big)\ 2x^2\ \bigcirc\ -4}\leftarrow(x^2-2)\times2 \\
4x+3
\end{array}
$$

$2x^3$ を消去するために $2x$ がくる。

よって，商は $2x+2$，余りは $4x+3$

考え方

【整式の割り算は降べきの順に整理して】

・整式（多項式）の割り算は，降べきの順に整理した式を次数の高い項に着目して，商を立て，順々に消去していく。

・余りの次数が割る式の次数より低くなったところで終わりです。

・あきのある項があったら，その分のスペースを十分とっておかないと計算が窮屈になるから注意しましょう。

・この計算は引き算するときに符号が変わるので，ミスをすることが多いようです。気をつけよう！

・また，割り算の関係式は，次の割り算の形をかくとすぐ見えてきます。

> 引き算のミスが多いです注意してください

整式の割り算 と 除法の関係式 ➡

$$
\begin{array}{r}
A\!\!-\!\boxed{商} \\
B\big)\overline{P(x)}\!\!-\!\boxed{割られる式} \\
\boxed{割る式}\quad\boxed{計算} \\
\overline{R}\!\!-\!\boxed{余り}
\end{array}
$$

$P(x)=B\cdot A+R$

$\boxed{割る式の次数} > \boxed{余りの次数}$

練習80　(1)　$(2x^3-12x+9)\div(x+3)$ を計算すると，商は $\boxed{}$，余りは $\boxed{}$。

(2)　整式 x^3+2x^2+x-5 を x^2+x-1 で割ったときの商と余りを求めよ。

(3)　多項式 $2x^3-x^2-5x+1$ を多項式 B で割ったときの商が $x+1$，余りが $2x+5$ である。B を求めよ。

81 分数式の計算

次の分数式を計算して簡単にせよ。

(1) $\dfrac{x+1}{2x-1} \div \dfrac{x^2+3x-4}{2x^2+7x-4}$

(2) $\dfrac{1}{x^2+x} + \dfrac{1}{x^2+3x+2}$

解

(1) （与式）$= \dfrac{x+1}{2x-1} \div \dfrac{(x-1)(x+4)}{(2x-1)(x+4)}$

$= \dfrac{x+1}{2x-1} \times \dfrac{(2x-1)(x+4)}{(x-1)(x+4)}$

$= \dfrac{x+1}{x-1}$

◀まず，分母，分子を因数分解。

◀ひっくり返して掛け，約分ができれば，約分をする。

(2) （与式）$= \dfrac{1}{x(x+1)} + \dfrac{1}{(x+1)(x+2)}$

$= \dfrac{x+2}{x(x+1)(x+2)} + \dfrac{x}{x(x+1)(x+2)}$

$= \dfrac{2(x+1)}{x(x+1)(x+2)}$

$= \dfrac{2}{x(x+2)}$

◀まず，分母を因数分解。

◀分母の最小公倍数で通分。

◀分子を計算する。

考え方

【分数式の計算は，因数分解，約分，通分が主な仕事】

・分数式の乗法と除法は，分母，分子を因数分解して約分します。除法はひっくり返して（逆数にして）掛けるのは実数の場合と同じです。

・加法と減法では，まず，通分する（分母を同じにする）ことから始めます。通分するには，分母の最小公倍数の求め方を知っておこう。

最小公倍数は共通因数に残りの因数を掛けます

分数式の計算 ➡

乗法，除法は因数分解──→約分

加法，減法は，まず通分して──→分子の計算

通分は──→共通因数に残りの因数を掛ける

練習81 次の計算をせよ。

(1) $\dfrac{(-3a^2b)}{xy} \times \dfrac{3x}{(2ab)^2}$

(2) $\dfrac{x}{x-2} \div \dfrac{x^2-x}{x^2-3x+2}$

(3) $\dfrac{1}{x+3} + \dfrac{4}{x^2+2x-3}$

(4) $\dfrac{x-2}{x^2+4x} - \dfrac{x-5}{x^2+2x-8}$

82 複素数の計算

> (1) $\dfrac{7-4i}{1-2i}$ を $a+bi$ の形で表すと $\boxed{}+\boxed{}i$ となる。
>
> (2) $(1+i)x+(2-i)y=3-3i$ のとき，実数 $x,\ y$ を求めよ。

解

(1) $\dfrac{7-4i}{1-2i}=\dfrac{(7-4i)(1+2i)}{(1-2i)(1+2i)}=\dfrac{7+(14-4)i-8i^2}{1-4i^2}$

$\qquad =\dfrac{15+10i}{5}=3+2i$

← 分母に i があるときは，共役な複素数を掛けて実数にする。

(2) $(1+i)x+(2-i)y=3-3i$

$\quad (x+2y)+(x-y)i=3-3i$

$\quad x+2y,\ x-y$ は実数だから

$\quad x+2y=3$ ……① ，$x-y=-3$ ……②

$\quad$ ①，②を解いて

$\qquad x=-1,\ y=2$

共役な複素数
$$a+bi \Longleftrightarrow a-bi$$

複素数の相等
$a+bi=c+di$ のとき
$a=c$ かつ $b=d$
($a,\ b,\ c,\ d$ は実数)

考え方

【複素数の計算，i は文字と同様に扱い $i^2=-1$ とする】

・$\sqrt{-1}=i$ すなわち $i^2=-1$ となる数を虚数単位といい，i を含んだ $a+bi$ の形の数を複素数といいます。

・複素数の計算は，i は文字と同じように計算し，i^2 は -1 に，分母に i がある場合は共役な複素数を掛けて実数にします。

・等式では i がない実部と i がある虚部に分けて"複素数の相等"の考えを使います。

i(アイ)には
いつも悩まされる

複素数の計算
$(a+bi)$
➡
・i は文字と同じ扱い。i^2 は -1 に
・分母の i は実数化（i をなくす）
・i を含む等式は (実部)＋(虚部) に分ける
$\boxed{\text{一緒にはならないから別々に考える}}$
・$a+bi=c+di \Longleftrightarrow a=c$ かつ $b=d$

練習82 次の $\boxed{}$ の中に適する実数を入れよ。

(1) $\dfrac{2+3i}{1-5i}=\boxed{}+\boxed{}i$

(2) $(1-2i)(3+2i)-(2+i)^2=\boxed{}-\boxed{}i$

(3) $(2+i)x+(3-2i)y=-5+8i$ のとき，$x=\boxed{}$ ，$y=\boxed{}$ である。

88

83 解と係数の関係と対称式

2次方程式 $x^2-2x+3=0$ の2つの解を α, β とするとき，次の値を求めよ。

(1) $\alpha^2+\beta^2$ (2) $\alpha^3+\beta^3$ (3) $\dfrac{\alpha}{\alpha-1}+\dfrac{\beta}{\beta-1}$

解 解と係数の関係より
$\alpha+\beta=2,\ \alpha\beta=3$ だから

(1) $\alpha^2+\beta^2=(\alpha+\beta)^2-2\alpha\beta$
$\qquad =2^2-2\cdot3=-2$

(2) $\alpha^3+\beta^3=(\alpha+\beta)^3-3\alpha\beta(\alpha+\beta)$
$\qquad =2^3-3\cdot3\cdot2=-10$

(3) $\dfrac{\alpha}{\alpha-1}+\dfrac{\beta}{\beta-1}=\dfrac{\alpha(\beta-1)+\beta(\alpha-1)}{(\alpha-1)(\beta-1)}$

$=\dfrac{2\alpha\beta-(\alpha+\beta)}{\alpha\beta-(\alpha+\beta)+1}=\dfrac{2\cdot3-2}{3-2+1}=2$

解と係数の関係
$ax^2+bx+c=0\ (a\neq0)$
の2つの解を α, β とすると
$\alpha+\beta=-\dfrac{b}{a},\ \alpha\beta=\dfrac{c}{a}$

基本対称式の変形
$\alpha^2+\beta^2=(\alpha+\beta)^2-2\alpha\beta$
$\alpha^3+\beta^3=(\alpha+\beta)^3-3\alpha\beta(\alpha+\beta)$

考え方 【2つの解 α, β ときたら解と係数の関係を】

・解と係数の関係は，2次方程式 $ax^2+bx+c=0$ の2つの解が α, β のとき，解を求めなくても，その和 $\alpha+\beta$ と積 $\alpha\beta$ の値が求められるという公式です。

・$\alpha+\beta$, $\alpha\beta$ が基本対称式なので，$\alpha^2+\beta^2$ や $\alpha^3+\beta^3$ 等の式の値の題材によく使われます。

・逆に，2つの解の和 $\alpha+\beta$ と積 $\alpha\beta$ がわかれば2次方程式がつくれます。

α, β を解とする
2次方程式は
$(x-\alpha)(x-\beta)=0$
$x^2-(\alpha+\beta)x+\alpha\beta=0$

あなた！
2次方程式
つくれる？

▶解と係数の関係◀
2次方程式 $ax^2+bx+c=0$ ➡ $\alpha+\beta=-\dfrac{b}{a}$, $\alpha\beta=\dfrac{c}{a}$
の2つの解を α, β とすると

解の和   解の積   2次方程式の係数

練習**83** (1) 2次方程式 $x^2-3x+1=0$ の2つの解を α, β とする。このとき，
$\alpha^2+\beta^2=\boxed{}$, $\alpha^3+\beta^3=\boxed{}$, $\dfrac{\beta}{\alpha+1}+\dfrac{\alpha}{\beta+1}=\boxed{}$ である。

(2) 2次方程式 $x^2-2x+5=0$ の2つの解を α, β とするとき，$\alpha+\beta$, $\alpha\beta$ を解にもつ2次方程式は $x^2-\boxed{}x+\boxed{}=0$ である。

84 剰余の定理

(1) x^3-x^2-3x+1 を $x-2$ で割った余りは □ である。

(2) 3次式 x^3+ax^2+bx+1 は $x-1$ で割ると 5 余り，$x+1$ で割ると割り切れる。このとき，$a=$ □ ，$b=$ □ である。

解

(1) $P(x)=x^3-x^2-3x+1$ とおく。

$P(x)$ を $x-2$ で割った余りは

$P(2)=2^3-2^2-3\cdot2+1=\mathbf{-1}$

← 整式（多項式）は $P(x)$ や $f(x)$ で表す。

(2) $P(x)=x^3+ax^2+bx+1$ とおく。

$x-1$ で割ると 5 余るから

$P(1)=1+a+b+1=5$ より

$a+b=3$ ……①

← $x-1$ で割ったときの余りは $P(1)$

$x+1$ で割り切れるから

$P(-1)=-1+a-b+1=0$ より

$a-b=0$ ……②

← $x+1$ で割ったときの余りは $P(-1)$

①，②を解いて $a=\dfrac{3}{2}$，$b=\dfrac{3}{2}$

考え方

【剰余の定理は割り算しないで余りが求まる】

・剰余の定理は，整式 $P(x)$ を 1 次式 $x-\alpha$ で割ったときの余りを求める定理。

・何といっても割り算をしないでも余りが求められるのがスゴイ。

・その原理は，右の関係より

$P(x)=(x-\alpha)Q(x)+R$

$P(\alpha)=(\alpha-\alpha)Q(\alpha)+R$

よって，$R=P(\alpha)$

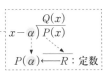

$P(x)$ を1次式 $ax+b$ で割ったときの余りは $R=P\left(-\dfrac{b}{a}\right)$ です

人のセリフいうなだまってろ

$x-\alpha\overline{)P(x)}$ の商 $Q(x)$

$P(\alpha)$ ← R：定数

剰余の定理 ➡ 整式 $P(x)$ を $x-\alpha$ で割った余り R は
割り算しないで ⟶ $R=P(\alpha)$ で求まる

練習84

(1) 整式 x^3+2x^2-5x+1 を $x+2$ で割ったときの余りは □ である。

(2) 3次式 x^3+ax^2+bx+9 は $x+1$ で割り切れるが，$x-2$ で割ると 15 余る。このとき，$a=$ □ ，$b=$ □ である。

85 因数定理と高次方程式

3次方程式 $x^3-4x^2+3x+2=0$ を解け。

解　$P(x)=x^3-4x^2+3x+2$ とおくと

$P(2)=2^3-4\cdot2^2+3\cdot2+2$

$\qquad=8-16+6+2=0$

$P(x)$ は $x-2$ を因数にもつ。

右の割り算より

$\qquad P(x)=(x-2)(x^2-2x-1)$

$P(x)=0$ の解は

$\quad x-2=0,\ x^2-2x-1=0$ より

$\quad \boldsymbol{x=2,\ x=1\pm\sqrt{2}}$

← 3次方程式では左辺を $P(x)$ とおいて，定数項 2 の約数 α（±1, ±2）を代入して，$P(\alpha)=0$ となる α を見つける。

$$
\begin{array}{r}
x^2-2x-1 \\
x-2\,\overline{)\,x^3-4x^2+3x+2} \\
\underline{x^3-2x^2} \\
-2x^2+3x \\
\underline{-2x^2+4x} \\
-x+2 \\
\underline{-x+2} \\
0
\end{array}
$$

組立除法（参考）

$$
\begin{array}{r|rrrr}
2 & 1 & -4 & 3 & 2 \\
  &   & 2 & -4 & -2 \\
\hline
  & 1 & -2 & -1 & \boxed{0}
\end{array}
$$

考え方

【3次方程式はまず，解の1つを見つけること】

・3次方程式 $P(x)=0$ を解くには，$P(\alpha)=0$ となる $x=\alpha$ を1つ見つけることから始まります。

・$P(\alpha)=0$ のとき，剰余の定理から余りが0なので $P(x)=(x-\alpha)(2$ 次式$)$ と因数分解できます。これが因数定理というものです。

・なお，α の値は，方程式の定数項の約数になっていることも覚えておきましょう。

余りが0ならこうなるね

$$
\begin{array}{r}
Q(x) \\
x-\alpha\,\overline{)P(x)} \\
\text{余り} \longrightarrow 0
\end{array}
$$

$P(x)=(x-\alpha)Q(x)$

因数定理　➡　$P(\alpha)=0 \iff P(x)$ は $x-\alpha$ で割り切れる

高次方程式 $P(x)=0$ の解法

　　　➡　$P(\alpha)=0$ となる α を見つけて，$P(x)=(x-\alpha)(\quad)=0$

　　　　　　└── $P(x)$ の定数項の約数 ──┘

練習85　(1)　次の方程式を解け。

(ⅰ)　$x^3-3x^2+2=0$

(ⅱ)　$x^3+2x^2-3x-6=0$

(2)　3次方程式 $x^3-x^2-ax+4=0$ の1つの解が $x=2$ のとき，$a=\boxed{}$ であり，このとき，他の解は $x=\boxed{}$ と $x=\boxed{}$ である。

86 剰余の定理と2次式で割った余り

整数 $P(x)$ を $x-1$ で割ると 3 余り，$x-2$ で割ると 5 余る。このとき $P(x)$ を x^2-3x+2 で割った余りは □$x+$ □ である。

解

$P(x)$ を x^2-3x+2 で割ったときの
商を $Q(x)$，余りを $ax+b$ とすると，
$P(x)=(x^2-3x+2)Q(x)+ax+b$
と表せる。

$P(x)=(x-1)(x-2)Q(x)+ax+b$ とすると
　$P(1)=3$，$P(2)=5$ だから
　$P(1)=a+b=3$ ……①
　$P(2)=2a+b=5$ ……②
①，②を解いて，$a=2$，$b=1$
　　よって，余りは **$2x+1$**

◀ x^2-3x+2 の2次式で割った余りは1次式 $ax+b$ で表せる。

◀ $x^2-3x+2=(x-1)(x-2)$ と因数分解すると $P(1)$，$P(2)$ が見えてくる。

◀ 剰余の定理より $f(x)$ を $x-\alpha$ で割った余りは $f(\alpha)$ である。

考え方

【整式 $P(x)$ を2次式で割った余りは1次式とおく】

・整式 $P(x)$ を2次式 $(x-\alpha)(x-\beta)$ で割ったとき，余りの次数は1次式以下になります。
・そこで，$P(x)$ を2次式で割ったときの余りを求めるには，その余りを $ax+b$ とおきます。
・$P(x)$ を $(x-\alpha)(x-\beta)$ で割った商を $Q(x)$ として
　　$P(x)=(x-\alpha)(x-\beta)Q(x)+ax+b$
と表せればしめたものです。
・剰余の定理で余り $P(\alpha)$，$P(\beta)$ を求めて，a，b の連立方程式を解けば求まります。

2次式で割った余りは $ax+b$ ですって

わかりました

$P(x)$ を $(x-\alpha)(x-\beta)$ で割った余りは，

➡ 商を $Q(x)$ とすると余りは1次以下なので
　$P(x)=(x-\alpha)(x-\beta)Q(x)+ax+b$ とおく

練習86 (1) 整式 $P(x)$ を $x+1$ で割ると 12 余り，$x-3$ で割ると割り切れる。このとき $P(x)$ を $(x+1)(x-3)$ で割った余りは □$x+$ □ である。

(2) 整式 $P(x)$ を $x+2$ で割ると 5 余り，$x-1$ で割ると -1 余る。このとき，$P(x)$ を x^2+x-2 で割った余りを求めよ。

87 恒等式

次の恒等式が成り立つように a, b の値を決定せよ。

$$x^2+x+1=(x-2)^2+a(x-2)+b$$

解 ▼係数比較による解法◢

$$x^2+x+1=(x^2-4x+4)+(ax-2a)+b$$
$$=x^2+(a-4)x-2a+b+4$$

両辺の係数を比較して

$$a-4=1 \ \cdots\cdots① , \ -2a+b+4=1 \ \cdots\cdots②$$

①, ②を解いて

$$a=5, \ b=7$$

▼数値代入法による解法◢

$x=2$, 1 を代入する。

$x=2$ を代入して $7=b$

$x=1$ を代入して $3=1-a+b$

これより $a=5$, $b=7$

（このとき，与式は恒等式となる）

$$\boxed{\begin{array}{c} \text{—} x \text{ についての恒等式} \text{—} \\ ax^2+bx+c=a'x^2+b'x+c' \\ \Updownarrow \\ a=a', \ b=b', \ c=c' \end{array}}$$

◤代入法は必要条件なので，最後に"このとき，与式は恒等式となる"と書いておく。

考え方 【恒等式はそれぞれの項の係数を等しくおく】

・恒等式とは（左辺）＝（右辺）の等式で，見かけは違っていても，式を変形することによって同じになる式を恒等式といいます。

・だから，基本的にはどんな値を代入しても成り立ちます。（特別な値のときに限って成り立つ式は方程式です。）

・恒等式にするためには，次の2つの方法があります。

係数比較のくすりがでてます

恒等式にするには ➡ ・係数比較法（展開して，各項の係数を等しくおく）
・代入法（簡単な数を代入して式をつくる）
・どちらも連立方程式を解いて求める。

練習87 次の式が恒等式になるように，a, b, c の値を定めよ。

(1) $(x-2)(x+1)+a(x+3)+b=x^2+x-1$

(2) $x^2=a(x-1)^2+b(x-1)+c$

(3) $\dfrac{5x+7}{x^2+3x+2}=\dfrac{a}{x+1}+\dfrac{b}{x+2}$

88 　2点間の距離と分点の座標

点 A$(-6, 2)$，B$(3, -1)$ に対して線分 AB の長さは ☐ である。また，線分 AB を $1:2$ に内分する点 C と $4:1$ に外分する点 D の座標は C(☐, ☐)，D(☐, ☐) である。

解

$AB = \sqrt{(3+6)^2 + (-1-2)^2} = \sqrt{90} = 3\sqrt{10}$　　◀ $AB = \sqrt{(x_2 - x_1)^2 + (y_2 - y_1)^2}$

C(x, y) とすると

$$x = \frac{2 \times (-6) + 1 \times 3}{1+2} = -3$$

$$y = \frac{2 \times 2 + 1 \times (-1)}{1+2} = 1$$

よって，**C$(-3, 1)$**

D(x, y) とすると

$$x = \frac{-1 \times (-6) + 4 \times 3}{4-1} = 6$$

$$y = \frac{-1 \times 2 + 4 \times (-1)}{4-1} = -2$$　　よって，**D$(6, -2)$**

考え方

【2点間の距離と分点の座標は基本中の基本】

・2点間の距離は x 座標と y 座標の差の2乗で，どちらから引いても2乗するから大丈夫です。

・内分点と外分点の計算はミスが多くみられるので1つ1つの値を確認しながら公式に代入しよう。

・外分点は内分点の公式で，n を $-n$ におきかえたものと覚えてください。

公式はこう掛けると覚えよう

内分科　外分科

外と外　内と内

線分 AB を $m:n$ に…

2点 A(x_1, y_1)，B(x_2, y_2) について

$$AB = \sqrt{(x_2 - x_1)^2 + (y_2 - y_1)^2}$$

線分 AB を $m:n$ に

内分する点 $\left(\dfrac{nx_1 + mx_2}{m+n}, \dfrac{ny_1 + my_2}{m+n} \right)$

外分する点 $\left(\dfrac{-nx_1 + mx_2}{m-n}, \dfrac{-ny_1 + my_2}{m-n} \right)$

練習88　2点 A$(-3, -7)$，B$(9, 5)$ がある。次の問いに答えよ。

(1)　AB の距離を求めよ。

(2)　y 軸上の点で2点 A，B から等距離にある点 C の座標を求めよ。

(3)　線分 AB を $5:3$ に内分する点 D の座標と $3:1$ に外分する点 E の座標を求めよ。

89 直線の方程式

次の直線の方程式を求めよ。

(1) 点 $(3, -1)$ を通り，傾き 2　　(2) 2点 $(1, 1)$，$(3, 5)$ を通る。

(3) 点 $(-1, 2)$ を通り，直線 $y=-\dfrac{1}{2}x$ と平行および垂直な直線。

解

(1) $y-(-1)=2(x-3)$ より

$y=2x-7$

← $y-y_1=m(x-x_1)$ に代入

(2) $y-1=\dfrac{5-1}{3-1}(x-1)$ より

$y=2(x-1)+1$

よって，$y=2x-1$

← $y-y_1=\dfrac{y_2-y_1}{x_2-x_1}(x-x_1)$ に代入

(3) 平行な直線は傾きが $-\dfrac{1}{2}$，点 $(-1, 2)$ を通るから

$y-2=-\dfrac{1}{2}(x+1)$　より　$y=-\dfrac{1}{2}x+\dfrac{3}{2}$

2直線の平行・垂直
平行 $m=m'$
垂直 $m\cdot m'=-1$

垂直な直線は傾きが 2，点 $(-1, 2)$ を通るから

$y-2=2(x+1)$　より　$y=2x+4$

考え方

【直線の方程式は公式を使ってかけるように】

・直線の方程式は $y=ax+b$ とおいて条件から a, b を求めるという方法もあります。

・しかし，公式を使うと速く，確実に直線の方程式が求まります。

・2直線の平行，垂直の傾きの関係では，平行は同じ傾きで，垂直は (傾き)×(傾き)$=-1$

直線の公式 いえるかい

・点 (x_1, y_1) を通り，傾き m

$y-y_1=m(x-x_1)$

直線の方程式 ➡

・2点 (x_1, y_1)，(x_2, y_2) を通る

$y-y_1=\dfrac{y_2-y_1}{x_2-x_1}(x-x_1)$　$\left(m=\dfrac{y_2-y_1}{x_2-x_1}\right)$

練習89 次の直線の方程式を求めよ。

(1) 点 $(2, 7)$ を通り傾きが 5　　(2) 2点 $(3, 2)$，$(-6, 8)$ を通る

(3) 点 $(2, -1)$ を通り，直線 $2x-3y+1=0$ に平行な直線と垂直な直線

(4) 2点 $A(7, 5)$，$B(-1, 1)$ があるとき，線分 AB の垂直2等分線

90 円の方程式

次の円の方程式を求めよ。

(1)　2点 $(-2, -1)$, $(4, 5)$ を直径の両端とする円

(2)　3点 $(0, 0)$, $(5, 1)$, $(6, -4)$ を通る円

解

(1)　円の中心は $(-2, -1)$, $(4, 5)$ の中点だから

$$\left(\frac{-2+4}{2}, \frac{-1+5}{2}\right)=(1, 2)$$

半径は $\sqrt{(4-1)^2+(5-2)^2}=\sqrt{18}=3\sqrt{2}$

よって，$(x-1)^2+(y-2)^2=18$

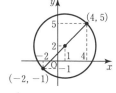

(2)　$x^2+y^2+ax+by+c=0$

とおくと，3点を通るから

$(0, 0)$ 　: $c=0$ 　　　　　　　　……①

$(5, 1)$ 　: $5a+b+c+26=0$ 　……②

$(6, -4)$: $6a-4b+c+52=0$ ……③

①，②，③を解いて，$a=-6$, $b=4$, $c=0$

よって，$x^2+y^2-6x+4y=0$

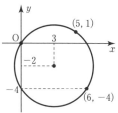

考え方

【円の方程式は中心と半径を考える】

・円の方程式を求めるには，2つの式のおき方があります。

・たいていは，中心 (a, b) と半径 r を未知数とした標準形でおきます。

・3点を通る場合は一般形でおきます。

(2)の連立方程式
$c=0$ だから
$5a+b=-26$ ……②′
$6a-4b=-52$ ……③′
②′×4+③′
$26a=-156$ より　$a=-6$

円の方程式 ➡

・中心 (a, b) と半径 r が関係したら

$$(x-a)^2+(y-b)^2=r^2 \text{（標準形）}$$

・3点を通る場合

$$x^2+y^2+ax+by+c=0 \text{（一般形）}$$

練習**90**　次の円の方程式を求めよ。

(1)　中心が $(-1, -2)$，半径が4

(2)　中心が $(5, -2)$ で，点 $(3, 2)$ を通る

(3)　2点 $(-3, 2)$, $(1, 4)$ を直径の両端とする

(4)　3点 $(0, 0)$, $(2, 1)$, $(2, -2)$ を通る

91 円と直線の関係

(1) 円 $x^2+y^2=5$ と直線 $y=x-1$ との交点の座標を求めよ。

(2) 円 $x^2+y^2=5$ と直線 $y=x+n$ が接するように n の値を定めよ。

解

(1) $y=x-1$ を $x^2+y^2=5$ に代入して
$x^2+(x-1)^2=5$, $2x^2-2x-4=0$
$x^2-x-2=0$, $(x-2)(x+1)=0$
$x=2$, -1 このとき $y=1$, -2
よって, $(2,\ 1)$, $(-1,\ -2)$

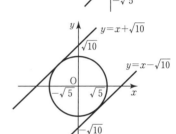

(2) $y=x+n$ を $x^2+y^2=5$ に代入して
$x^2+(x+n)^2=5$, $2x^2+2nx+n^2-5=0$
判別式 D が $D=0$ のとき接するから
$D=(2n)^2-4\cdot2(n^2-5)=-4n^2+40=0$
$n^2=10$ よって, $\boldsymbol{n=\pm\sqrt{10}}$

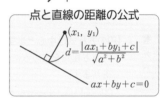

別解 直線 $x-y+n=0$ と中心 $(0,\ 0)$ の距離が
半径の $\sqrt{5}$ に等しいとき接するから
$\dfrac{|0-0+n|}{\sqrt{1^2+(-1)^2}}=\dfrac{|n|}{\sqrt{2}}=\sqrt{5}$, $|n|=\sqrt{10}$
よって, $n=\pm\sqrt{10}$

点と直線の距離の公式

$d=\dfrac{|ax_1+by_1+c|}{\sqrt{a^2+b^2}}$

$ax+by+c=0$

考え方 【円と直線の交点は連立方程式をつくる】

・円と直線の共有点の座標は，円と直線の方程式を連立
させて解を求めます。

・ただし，x の2次方程式の判別式 D の値が $D<0$ のと
きは共有点をもちません。

・$D=0$ のとき，円と直線は接しています。

*円と直線の式を
連立させて解くぞ*

円 $x^2+y^2=r^2$ と 直線 $y=mx+n$	➡	y を消去して x の 2次方程式をつくる	➡	$D>0$ 共有点は2個 $D=0$ 接する $D<0$ 共有点はない

練習91 (1) 円 $x^2+y^2=25$ と直線 $y=x-1$ との交点の座標を求めよ。

(2) 円 $x^2+y^2=5$ と直線 $y=2x+n$ が交わるように n の値の範囲を定めよ。
また，接するときの n の値と接点の座標を求めよ。

92 弧度法と三角関数の値

次の値を求めよ。

(1) $\sin\dfrac{2}{3}\pi + \cos\dfrac{5}{6}\pi + \tan\dfrac{\pi}{4}$ (2) $2\tan\dfrac{4}{3}\pi\cos\dfrac{5}{3}\pi$

解

(1) $\sin\dfrac{2}{3}\pi + \cos\dfrac{5}{6}\pi + \tan\dfrac{\pi}{4}$

$= \dfrac{\sqrt{3}}{2} - \dfrac{\sqrt{3}}{2} + 1$

$= \mathbf{1}$

$\sin\dfrac{2}{3}\pi = \dfrac{\sqrt{3}}{2}$ $\cos\dfrac{5}{6}\pi = -\dfrac{\sqrt{3}}{2}$ $\tan\dfrac{\pi}{4} = 1$

(2) $2\tan\dfrac{4}{3}\pi\cos\dfrac{5}{3}\pi$

$= 2\cdot\sqrt{3}\cdot\dfrac{1}{2}$

$= \boldsymbol{\sqrt{3}}$

$\tan\dfrac{4}{3}\pi = \sqrt{3}$ $\cos\dfrac{5}{3}\pi = \dfrac{1}{2}$

考え方

【三角関数の値は単位円をかいて求めよう】

・三角関数の値を求めるのに暗記している人もいるだろうが，暗記は応用がきかないし，間違いやすい。

・必ず単位円をかいて，与えられた角 θ をとり，定義に従って求めることをすすめます。

三角関数でもこれが基本

弧度法 と 三角関数 ➡

$\sin\theta = \dfrac{y}{r}$

$\cos\theta = \dfrac{x}{r}$

$\tan\theta = \dfrac{y}{x}$

$P(x, y)$

練習 **92** (1) 次の値を求めよ。

(i) $\sin\dfrac{\pi}{6}\cos\dfrac{2}{3}\pi + \sin\dfrac{\pi}{3}\cos\dfrac{5}{6}\pi$ (ii) $\tan\dfrac{5}{4}\pi\sin\dfrac{4}{3}\pi - \cos\dfrac{7}{6}\pi$

(2) 次の式を満たす x の値の範囲を求めよ。ただし，$0 \leqq x < 2\pi$ とする。

(i) $\sin x > \dfrac{1}{2}$ (ii) $\cos x \geqq -\dfrac{1}{2}$ (iii) $\tan x < \sqrt{3}$

93 加法定理

$\sin\alpha = \dfrac{2}{3}$, $\cos\beta = \dfrac{3}{5}$ $\left(\text{ただし, } 0<\alpha<\dfrac{\pi}{2}, \ 0<\beta<\dfrac{\pi}{2}\right)$ のとき,

$\sin(\alpha+\beta)=\boxed{}$, $\cos(\alpha+\beta)=\boxed{}$ となる。

解

$\cos^2\alpha = 1-\sin^2\alpha = 1-\left(\dfrac{2}{3}\right)^2 = \dfrac{5}{9}$ ← $\sin^2\theta+\cos^2\theta=1$

$0<\alpha<\dfrac{\pi}{2}$ だから $\cos\alpha>0$ よって, $\cos\alpha=\dfrac{\sqrt{5}}{3}$ ← α の範囲から $\cos\alpha>0$ であることを確認。

$\sin^2\beta = 1-\cos^2\beta = 1-\left(\dfrac{3}{5}\right)^2 = \dfrac{16}{25}$

$0<\beta<\dfrac{\pi}{2}$ だから $\sin\beta>0$ よって, $\sin\beta=\dfrac{4}{5}$ ← β の範囲から $\sin\beta>0$ であることを確認。

$\sin(\alpha+\beta) = \sin\alpha\cos\beta + \cos\alpha\sin\beta$

$\qquad = \dfrac{2}{3}\cdot\dfrac{3}{5} + \dfrac{\sqrt{5}}{3}\cdot\dfrac{4}{5} = \dfrac{6+4\sqrt{5}}{15}$

$\cos(\alpha+\beta) = \cos\alpha\cos\beta - \sin\alpha\sin\beta$

$\qquad = \dfrac{\sqrt{5}}{3}\cdot\dfrac{3}{5} - \dfrac{2}{3}\cdot\dfrac{4}{5} = \dfrac{-8+3\sqrt{5}}{15}$

考え方 【加法定理は公式の源泉，必ず覚えよう】

・三角関数では，次のような変形はできません。
$$\sin 75° = \sin(30°+45°) = \sin 30° + \sin 45°$$
少し面倒ですが加法定理を使って分解しなくてはなりません。

・加法定理は公式の基本となる式，これからは2倍角の公式等，あらゆる公式が導かれます。

公式の覚え方にも工夫が大切なのね

$\sin(\alpha+\beta)=\text{sc}+\text{cs}$
$\cos(\alpha+\beta)=\text{cc}-\text{ss}$
加法定理

三角関数の
加法定理 ➡

$$\sin(\alpha\pm\beta) = \sin\alpha\cos\beta \pm \cos\alpha\sin\beta$$
$$\cos(\alpha\pm\beta) = \cos\alpha\cos\beta \mp \sin\alpha\sin\beta$$
$$\tan(\alpha\pm\beta) = \dfrac{\tan\alpha\pm\tan\beta}{1\mp\tan\alpha\tan\beta}$$ （複号同順）

練習93 (1) 次の三角比の値を求めよ。

(i) $\sin 75°$ 〈三重県立看大〉   (ii) $\cos\dfrac{\pi}{12}$ 〈市立小樽病院高看〉

(2) $\sin\alpha = \dfrac{4}{5}$ $\left(\dfrac{\pi}{2}<\alpha<\pi\right)$, $\cos\beta = \dfrac{5}{13}$ $\left(0<\beta<\dfrac{\pi}{2}\right)$ のとき,

$\sin(\alpha+\beta)=\boxed{}$, $\cos(\alpha+\beta)=\boxed{}$ である。

94　2倍角の公式

$\cos\theta=\dfrac{1}{5}$ のとき，次の値を求めよ。ただし，$\pi\leqq\theta\leqq2\pi$ とする。

(1)　$\sin2\theta$ 　　　　　　　　　　(2)　$\cos\dfrac{\theta}{2}$

解　$\cos\theta>0$ より $\dfrac{3}{2}\pi<\theta\leqq2\pi$ だから $\sin\theta\leqq0$

$$\sin\theta=-\sqrt{1-\cos^2\theta}=-\sqrt{1-\left(\dfrac{1}{5}\right)^2}=-\dfrac{2\sqrt{6}}{5}$$

(1)　$\sin2\theta=2\sin\theta\cos\theta=2\cdot\left(-\dfrac{2\sqrt{6}}{5}\right)\cdot\dfrac{1}{5}=-\dfrac{4\sqrt{6}}{25}$

(2)　$\cos^2\dfrac{\theta}{2}=\dfrac{1+\cos\theta}{2}=\dfrac{1}{2}\left(1+\dfrac{1}{5}\right)=\dfrac{3}{5}$

　　$\pi\leqq\theta\leqq2\pi$ より $\dfrac{\pi}{2}\leqq\dfrac{\theta}{2}\leqq\pi$ だから $\cos\dfrac{\theta}{2}\leqq0$

　　よって，$\cos\dfrac{\theta}{2}=-\sqrt{\dfrac{3}{5}}=-\dfrac{\sqrt{15}}{5}$

◆必ず θ の範囲を押さえて正，負を，確認する。

半角の公式の導き方

$\cos2\alpha=2\cos^2\alpha-1$
を逆に見て

$2\cos^2\alpha=1+\cos2\alpha$

$\cos^2\alpha=\dfrac{1+\cos2\alpha}{2}$

$\alpha\to\dfrac{\theta}{2}$ にすると

$\cos^2\dfrac{\theta}{2}=\dfrac{1+\cos\theta}{2}$

考え方　【2倍角の公式は加法定理から導ける】

・2倍角の公式は加法定理で $\alpha=\beta=\theta$ とおくと導けます。

$\sin(\theta+\theta)=\sin\theta\cos\theta+\cos\theta\sin\theta=2\sin\theta\cos\theta$

$\cos(\theta+\theta)=\cos\theta\cos\theta-\sin\theta\sin\theta=\cos^2\theta-\sin^2\theta$

・忘れたら加法定理を思い出して α，β を θ におきかえると出てきます。

半角の公式は θ を $\dfrac{\theta}{2}$ にしたものだって。早くいってよ！

$$\sin2\theta=2\sin\theta\cos\theta$$

2倍角の公式 ➡ $\cos2\theta=\cos^2\theta-\sin^2\theta$

$\begin{pmatrix}\theta \text{ と } 2\theta，\theta \text{ と } \dfrac{\theta}{2}\\ \text{をつなぐ式}\end{pmatrix}$

　　　　　　　$=2\cos^2\theta-1$ ——→

　　　　　　　$=1-2\sin^2\theta$ ——→

（半角の公式）

$\cos^2\theta=\dfrac{1+\cos2\theta}{2}$

$\sin^2\theta=\dfrac{1-\cos2\theta}{2}$

練習94　$0<\theta<\dfrac{\pi}{2}$ で $\cos\theta=\dfrac{1}{3}$ のとき，次の値を求めよ。

(1)　$\cos2\theta$ 　　　　　(2)　$\sin2\theta$ 　　　　　(3)　$\tan2\theta$

(4)　$\cos\dfrac{\theta}{2}$ 　　　　　(5)　$\sin\dfrac{\theta}{2}$ 　　　　　(6)　$\cos4\theta$

95 三角関数の合成

$0 \leqq \theta < 2\pi$ のとき，$y = \sin\theta + \sqrt{3}\cos\theta$ の最大値は □ ，最小値は □ となる。

解

$y = \sin\theta + \sqrt{3}\cos\theta$

$= \sqrt{1^2 + (\sqrt{3})^2}\sin\left(\theta + \dfrac{\pi}{3}\right)$

$= 2\sin\left(\theta + \dfrac{\pi}{3}\right)$

$0 \leqq \theta < 2\pi$ より　$\dfrac{\pi}{3} \leqq \theta + \dfrac{\pi}{3} < \dfrac{7}{3}\pi$

ゆえに　$-1 \leqq \sin\left(\theta + \dfrac{\pi}{3}\right) \leqq 1$

よって，$\sin\left(\theta + \dfrac{\pi}{3}\right) = 1$　$\left(\theta = \dfrac{\pi}{6}\right)$　のとき

　　最大値 2

　　$\sin\left(\theta + \dfrac{\pi}{3}\right) = -1$　$\left(\theta = \dfrac{7}{6}\pi\right)$　のとき

　　最小値 -2

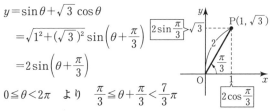

$\sin\theta$ と $\cos\theta$ の係数 1 と $\sqrt{3}$ を左図のように $\sin\dfrac{\pi}{3}$ と $\cos\dfrac{\pi}{3}$ を使って表すと，次のような変形ができる。

$y = 1 \cdot \sin\theta + \sqrt{3} \cdot \cos\theta$

$= 2\cos\dfrac{\pi}{3}\sin\theta + 2\sin\dfrac{\pi}{3}\cos\theta$

$= 2\left(\sin\theta\cos\dfrac{\pi}{3} + \cos\theta\sin\dfrac{\pi}{3}\right)$

加法定理より

$= 2\sin\left(\theta + \dfrac{\pi}{3}\right)$

考え方

【三角関数の合成は覚えてないと out です】
・右上の変形を一般化したのが三角関数の合成公式です。その成り立ちはなかなか理解できなくても公式として暗記しておいてください。
・point は角 α の取り方です。

$a\sin\theta + b\cos\theta = \sqrt{a^2+b^2}\sin(\theta + ⓐ)$

合成の公式覚えておけばよかった。

三角関数の合成 ➡

$$a\sin\theta + b\cos\theta = \sqrt{a^2+b^2}\sin(\theta + \alpha)$$

ただし

$\cos\alpha = \dfrac{a}{\sqrt{a^2+b^2}}$

$\sin\alpha = \dfrac{b}{\sqrt{a^2+b^2}}$

練習95　(1) $0 \leqq \theta \leqq \pi$ のとき，$y = \sin\theta + \cos\theta$ は $\theta =$ □ のとき最大値 □ で，$\theta =$ □ のとき最小値 □ である。

(2) $0 \leqq x < 2\pi$ のとき，方程式 $\sqrt{3}\sin x - \cos x = \sqrt{3}$ を満たす x の値を求めよ。

〈市立室蘭看専〉

96　指数法則と指数の計算

次の □ の中に適当な値を入れよ。ただし，$a>0$ とする。

(1)　$2^{\frac{5}{3}} \times 2^{\frac{3}{2}} \div 2^{\frac{7}{6}} = \boxed{}$　　　(2)　$\sqrt{a} \times \sqrt[3]{a^2} \div \sqrt[6]{a} = \boxed{}$

(3)　$4^x = 32$ のとき $x = \boxed{}$　　　(4)　$9^x > 3^{x+3}$ のとき $x > \boxed{}$

解

(1)　$2^{\frac{5}{3}} \times 2^{\frac{3}{2}} \div 2^{\frac{7}{6}}$

$= 2^{\frac{5}{3} + \frac{3}{2} - \frac{7}{6}} = 2^{\frac{10+9-7}{6}}$

$= 2^{\frac{12}{6}} = 2^2 = 4$

(2)　$\sqrt{a} \times \sqrt[3]{a^2} \div \sqrt[6]{a}$

$= a^{\frac{1}{2}} \times a^{\frac{2}{3}} \div a^{\frac{1}{6}}$

$= a^{\frac{1}{2} + \frac{2}{3} - \frac{1}{6}} = a^{\frac{3+4-1}{6}}$

$= a^{\frac{6}{6}} = a$

(3)　$4^x = 32$ より $(2^2)^x = 2^5$

$2^{2x} = 2^5$　　　　　　← $a^{\bigcirc} = a^{\bullet}$ のとき

$2x = 5$　よって　$x = \dfrac{5}{2}$　　　$\bigcirc = \bullet$

(4)　$9^x > 3^{x+3}$，$(3^2)^x > 3^{x+3}$

$3^{2x} > 3^{x+3}$　　　　　　← $a^{\bigcirc} > a^{\bullet}$

底 $=3>1$ だから　　　　$a>1$ のとき

$2x > x+3$　よって，$x>3$　　$\bigcirc > \bullet$

考え方

【指数法則を知らずに指数計算はできない】

・指数法則が曖昧なままで計算に入ってはいけません。必ず指数法則を確認しましょう。

・基本として，$2^{\bigcirc}$，$3^{\square}$，$5^{\triangle}$，……のように素因数分解した累乗の形にします。

・$\sqrt[n]{a^m}$ は $a^{\frac{m}{n}}$ の形で計算する方が簡明です。

・$\sqrt[3]{-a} = -\sqrt[3]{a}$ のように奇数乗根の－は外に出すとわかりやすいでしょう。

指数法則
と
指数の計算

$a^m \times a^n = a^{m+n}$,　$(a^m)^n = a^{mn}$,　$\dfrac{a^m}{a^n} = a^{m-n}$

➡ $a^{\bigcirc} = a^{\bullet}$ ┄┄► $\bigcirc = \bullet$（指数部分を等しくおく）

$a^{\bigcirc} > a^{\bullet}$ ┄┄► $\begin{cases} a>1 \text{ のとき} & \bigcirc > \bullet \\ 0<a<1 \text{ のとき} & \bigcirc < \bullet \end{cases}$

練習96　(1)　次の計算をせよ。ただし，$a>0$ とする。

(ⅰ)　$2^{-2} \times 2 \div 2^{-4}$　　　(ⅱ)　$4^{\frac{3}{2}} \times 27^{\frac{1}{3}} \div \sqrt[3]{-8}$　　　(ⅲ)　$\sqrt{a} \times \sqrt[3]{a^2} \times \sqrt[6]{a^5}$

〈市立室蘭看専〉

(2)　次の式を満たす x の値，または範囲を求めよ。

(ⅰ)　$3^{2x-1} = 27$　　(ⅱ)　$4^{x+1} = 8$　　(ⅲ)　$2^x < \dfrac{1}{8}$　　(ⅳ)　$\left(\dfrac{1}{3}\right)^x > 81$

97 対数の性質と対数計算

次の式を簡単にせよ。

(1) $\log_4 2 + \log_4 8$　　(2) $2\log_2\dfrac{2}{3} - \log_2\dfrac{8}{9}$　　(3) $\log_3 4 \cdot \log_8 9$

解

(1) $\log_4 2 + \log_4 8$
$= \log_4(2 \times 8) = \log_4 16 = \log_4 4^2 = \mathbf{2}$

$\Leftarrow \log_a M + \log_a N = \log_a MN$
　　----和は積に----

(2) $2\log_2\dfrac{2}{3} - \log_2\dfrac{8}{9}$

$= \log_2\left(\dfrac{2}{3}\right)^2 - \log_2\dfrac{8}{9}$

$= \log_2\left(\dfrac{4}{9} \times \dfrac{9}{8}\right) = \log_2\dfrac{1}{2} = \log_2 2^{-1} = \mathbf{-1}$

　----係数は指数----
$\Leftarrow k\log_a M = \log_a M^k$

$\Leftarrow \log_a M - \log_a N = \log_a \dfrac{M}{N}$
　　----差は商に----

(3) $\log_3 4 \cdot \log_8 9$

$= \log_3 4 \cdot \dfrac{\log_3 9}{\log_3 8} = \log_3 2^2 \cdot \dfrac{\log_3 3^2}{\log_3 2^3}$

$= 2\overline{\log_3 2} \cdot \dfrac{2}{3\overline{\log_3 2}} = \dfrac{\mathbf{4}}{\mathbf{3}}$

$\Leftarrow \log_a b = \dfrac{\log_c b}{\log_c a}$
　　----底の変換----

考え方

【対数の計算規則は log の係数を 1 にする】

・対数は定義から $M = a^p$ を $p = \log_a M$ と形を変えて表したものであるが，それにともなって，計算するのに，次の重要な性質が導かれます。

・いずれも log の係数は 1 のときに成り立つ規則ですので，計算するときは係数に注意してください。

対数の性質
（計算規則）
➡
$\log_a M + \log_a N = \log_a MN$

$\log_a M - \log_a N = \log_a \dfrac{M}{N}$

$\log_a M^k = k\log_a M$

底の変換
$\log_a b = \dfrac{\log_c b}{\log_c a}$

練習**97** 次の式を簡単にせよ。

(1) $\log_6 4 + \log_6 9$　　　　　　　(2) $\log_3 15 - \log_3 45$

(3) $\log_2(\sqrt{17} - \sqrt{13}) + \log_2(\sqrt{17} + \sqrt{13})$　　　　〈市立小樽病院看専〉

(4) $\dfrac{1}{3}\log_{10} 8 + \log_{10}\dfrac{3}{2} - \log_{10}\dfrac{3}{10}$　　(5) $\log_3 8 \cdot \log_4 3$

98 桁数の問題

2^{30} は ☐ 桁の数であり，$\left(\dfrac{1}{2}\right)^{20}$ は小数第 ☐ 位に初めて 0 でない数が現れる。ただし，$\log_{10}2 = 0.3010$ とする。

解

2^{30} の常用対数をとると

$\log_{10}2^{30} = 30\log_{10}2$

$\qquad\qquad = 30 \times 0.3010 = 9.030$

$9 < \log_{10}2^{30} < 10$ より $10^9 < 2^{30} < 10^{10}$

よって，2^{30} は **10 桁の数**

$\left(\dfrac{1}{2}\right)^{20}$ の常用対数をとると

$\log_{10}\left(\dfrac{1}{2}\right)^{20} = 20\log_{10}\dfrac{1}{2}$

$\qquad\qquad\quad = 20 \times (-0.3010) = -6.020$

$-7 < \log_{10}\left(\dfrac{1}{2}\right)^{20} < -6$ より $10^{-7} < \left(\dfrac{1}{2}\right)^{20} < 10^{-6}$

よって，**小数第 7 位に初めて 0 でない数が現れる。**

← 底が 10 の対数を常用対数という。

← $\log_a M^r = r\log_a M$

← 桁 数 を 求 め る た め，$\log_{10}2^{30}$ を自然数で挟む。

← $\dfrac{1}{10^7} < \left(\dfrac{1}{2}\right)^{20} < \dfrac{1}{10^6}$

考え方

【桁数の問題は常用対数をとって考える】

・例えば 3 桁の数 100〜999 迄の数を N とすると

$\quad 10^2 \le N < 10^3$ と表せ，常用対数をとると

$\quad \log_{10}10^2 \le \log_{10}N < \log_{10}10^3$

$\qquad 2 \le \log_{10}M < 3$ となる。

・$10^{-2} \le N < 10^{-1}$ $\left(\dfrac{1}{100} \le N < \dfrac{1}{10}\right)$ の数は小数第 2

位に初めて 0 でない数が現れるが，これは

$\qquad -2 \le \log_{10}N < -1$ と表される。

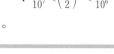

簡単な数で類推するといいんだね

常用対数をとって

m^k の桁数 $\implies$ $\begin{cases} \text{常用対数をとって } \log_{10}m^k \text{ の値を求める} \\ n-1 \le \log_{10}m^k < n \;\text{◀⋯⋯ 自然数で挟み込む} \\ 10^{n-1} \le m^k < 10^n \;\text{⋯⋯▶ } m^k \text{ は } n \text{ 桁の整数} \end{cases}$

練習98 $\log_{10}2 = 0.3010$，$\log_{10}3 = 0.4771$ とするとき，次の(1), (2)に答えよ。

(1) 6^{30} は何桁の整数か。　　　　　　　　　　　　　〈福井県立大看福〉

(2) $\left(\dfrac{3}{5}\right)^{100}$ は小数第何位に初めて 0 でない数が現れるか。〈高崎健康福祉大看〉

99 微分と積分

(1) 関数 $y = x^3 - 2x^2 + 3x - 5$ を微分せよ。

(2) 不定積分 $\displaystyle\int (x+3)(2x-1)\,dx$ を求めよ。

(3) 定積分 $\displaystyle\int_1^2 (3x^2 - 4x + 1)\,dx$ を求めよ。

解

(1) $y = x^3 - 2x^2 + 3x - 5$

$y' = (x^3)' - 2(x^2)' + 3(x)' - (5)'$ ←この計算は省略してよい。

$\quad = 3x^2 - 4x + 3$

(2) $\displaystyle\int (x+3)(2x-1)\,dx = \int (2x^2 + 5x - 3)\,dx$ ←展開してから積分の公式にあてはめる。

$\quad = 2\cdot\dfrac{1}{3}x^3 + 5\cdot\dfrac{1}{2}x^2 - 3x + C$ ←この計算は省略してよい。

$\quad = \dfrac{2}{3}x^3 + \dfrac{5}{2}x^2 - 3x + C$ （C は積分定数）

(3) $\displaystyle\int_1^2 (3x^2 - 4x + 1)\,dx = \Big[x^3 - 2x^2 + x\Big]_1^2$

$\quad = (8 - 8 + 2) - (1 - 2 + 1) = 2$

> **定積分**
> $$\int_a^b f(x)\,dx = \Big[F(x)\Big]_a^b$$
> $$= F(b) - F(a)$$

考え方

【微分と積分は逆演算】

・微分することと，積分をすることは逆演算の関係になっています。

・時々この公式を混同するミスを見かけるので，次の公式をしっかり確認です。

なるほど

微分と積分 ➡

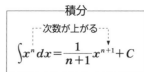

微分

―次数が下がる―

$y = x^n \rightarrow y' = nx^{n-1}$

積分

―次数が上がる―

$\displaystyle\int x^n\,dx = \dfrac{1}{n+1}x^{n+1} + C$

練習99　(1) 次の関数を微分せよ。

(ⅰ) $y = 4x^2 - 5x + 2$　　　　(ⅱ) $y = (2x+1)(2x^2 - 1)$

(2) 次の不定積分と定積分を求めよ。

(ⅰ) $\displaystyle\int (2x+1)(3x-1)\,dx$　　　　(ⅱ) $\displaystyle\int_1^2 (3x^2 - 2x + 4)\,dx$

(3) 関数 $f(x)$ について，$f'(x) = 6x - 4$，$f(0) = 5$ であるとき，$f(x) = \boxed{}$ であり $\displaystyle\int_0^1 f(x)\,dx = \boxed{}$ である。

100 接線の方程式

曲線 $y=x^3-2x$ の接線について，次の方程式を求めよ。

(1) 曲線上の点 $(2,\ 4)$ における接線。

(2) (1)で求めた接線と傾きの等しいもう1つの接線。

解 (1) $y=f(x)=x^3-2x$ とおくと

$f'(x)=3x^2-2$ ←$f'(x)$ は傾きを表す。

$f'(2)=3\cdot2^2-2=10$ ←傾きを求める。

よって，$y-4=10(x-2)$ より

$y=10x-16$

(2) 接点を $(a,\ a^3-2a)$ とおくと

$f'(a)=3a^2-2=10$ ←傾きが 10 だから $f'(a)=10$

$a^2=4$ よって，$a=\pm2$ とおいて接点の x 座標

$a=2$ は(1)の場合だから $a=-2$ を求める。

このとき，接点は $(-2,\ -4)$ ←接点の座標を押える。

よって，$y-(-4)=10(x+2)$ より

$y=10x+16$

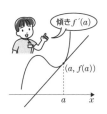

【$f'(x)$ は接線の傾きを表す関数】

・$f'(a)$ は $y=f(x)$ のグラフ上の点 $(a,\ f(a))$ における接線の傾きを表します。

・だから接点の x 座標がわかれば，次の公式で接線の方程式が求められます。

・もし，接点がわからない場合は必ず接点を $(a,\ f(a))$ とおいて考える，と覚えておきましょう。

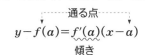

曲線 $y=f(x)$ 上の点 $(a,\ f(a))$ における接線

➡ $f'(x)$ を求めて，傾き $f'(a)$ を求める

通る点

$y-f(a)=f'(a)(x-a)$

傾き

練習100 (1) 曲線 $y=x^2-x$ 上の点 $\left(\dfrac{3}{2},\ \dfrac{3}{4}\right)$ における接線の方程式は

$y=\boxed{}x-\boxed{}$ である。 〈市立小樽病院高看〉

(2) 曲線 $y=x^3-9x$ について，直線 $y=3x$ に平行な接線の方程式を求めよ。

101 放物線と直線で囲まれた部分の面積

> 放物線 $y=x^2-1$ と直線 $y=x+1$ とで囲まれた部分の面積 S を求めよ。

解 求める面積は，右の斜線部分である。

放物線と直線の交点の x 座標は

$x^2-1=x+1$ より

$\qquad (x+1)(x-2)=0$

よって，$x=-1,\ 2$

$S=\displaystyle\int_{-1}^{2}\{(x+1)-(x^2-1)\}\,dx$

$\quad=\left[-\dfrac{1}{3}x^3+\dfrac{1}{2}x^2+2x\right]_{-1}^{2}$

$\quad=\left(-\dfrac{8}{3}+2+4\right)-\left(\dfrac{1}{3}+\dfrac{1}{2}-2\right)=\dfrac{9}{2}$

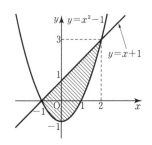

別解 $S=\displaystyle\int_{-1}^{2}\{(x+1)-(x^2-1)\}\,dx$

$\qquad=-\displaystyle\int_{-1}^{2}(x+1)(x-2)\,dx$

$\qquad=\dfrac{\{2-(-1)\}^3}{6}=\dfrac{9}{2}$

$\blacktriangleleft \left(-\dfrac{8}{3}+2+4\right)-\left(\dfrac{1}{3}+\dfrac{1}{2}-2\right)$

$\qquad =-3+6+\dfrac{3}{2}=\dfrac{9}{2}$

$\blacktriangleleft -\displaystyle\int_{\alpha}^{\beta}(x-\alpha)(x-\beta)\,dx=\dfrac{(\beta-\alpha)^3}{6}$

は公式として使ってよい。

考え方 【面積を求めるには交点をしっかり求めること】

・放物線と直線で囲まれた部分の面積を求めるには，次のことを心掛けてください。

放物線と直線で囲まれた部分の面積

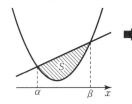

・求める部分は概形でいいからかく
・放物線と直線の交点をしっかり求める
 （ここで違っては元も子もない）
・$S=-\displaystyle\int_{\alpha}^{\beta}(x-\alpha)(x-\beta)\,dx=\dfrac{(\beta-\alpha)^3}{6}$
 の公式は有効に使う

練習101 次の放物線と軸や直線で囲まれた部分の面積 S を求めよ。

(1) $y=-x^2+2x$ と x 軸

(2) $y=2x^2-2$ と x 軸

(3) $y=x^2-2x,\ y=x$

(4) $y=x^2+2x-3,\ y=-x^2+2x+3$

〈市立小樽病院高看〉

こ た え

1 (1) $\dfrac{2}{9}x^5y^4$ (2) $15xy$

(3) $xyz-xy-yz-zx+x+y+z-1$

(4) $10xy$ (5) $3x^3+9x^2$

2 (1) $6x^2+7xy-20y^2$

(2) $-9x^2+y^2$

(3) $16x^4-72x^2y^2+81y^4$

(4) $x^2+4y^2+16z^2+4xy-16yz-8zx$

(5) a^4-b^4

3 (1) $a^2-2ab+b^2-3a+3b-28$

(2) $9x^2-4y^2+z^2-6xz$

(3) $a^2-b^2+c^2-d^2-2ac+2bd$

(4) x^4-13x^2+36

(5) $x^4-10x^3+35x^2-50x+24$

4 (1) $2(x+2y)(x-5y)$

(2) $(b-c)(ab+bc+ca)$

(3) $(x-y+1)(x-y+3)$

(4) $(3x+4y+2)(x+2y)$

(5) $-(a-b)(b-c)(c-a)$

(6) $(x^2+xy+y^2)(x^2-xy+y^2)$

5 (1) $(x-2)(2x+5)(x+3)(2x-5)$

(2) $(x-2)(x-6)(x^2-8x+10)$

(3) $(x+5y+z)(x-y+z)$

(4) $(x+y+1)(x+z+1)$

6 (1) (i) $3+2\sqrt{2}$ (ii) $\sqrt{7}-\sqrt{2}$

(2) (i) $2-\sqrt{2}$ (ii) 4

(iii) $24+2\sqrt{35}$

7 (1) (i) $\sqrt{5}$, $\dfrac{1}{2}$ (ii) 2

(2) 7, $10\sqrt{2}$ (3) -1, 4

8 (1) (i) $\sqrt{5}+\sqrt{3}$ (ii) $2-\sqrt{3}$

(iii) $\dfrac{\sqrt{14}+\sqrt{6}}{2}$

(2) $\sqrt{10}$

9 (1) 2, $2\sqrt{5}-4$, 8 (2) $\dfrac{\sqrt{11}-3}{2}$

10 (1) $6-2\sqrt{7}$ (2) 5

(3) $A=\begin{cases} -3x+5 & (x<1) \\ -x+3 & (1\leqq x<2) \\ 3x-5 & (2\leqq x) \end{cases}$

11 (1) $y=2(x-5)^2-7$, $y=-2(x-1)^2+2$

(2) $a=-2$, $b=-2$

12 (1) (i) $x=1$ のとき 最大値 $\dfrac{3}{2}$

(ii) $x=-1$ のとき 最大値 7

$x=\dfrac{3}{4}$ のとき 最小値 $\dfrac{7}{8}$

(2) (i) -4 (ii) 18

13 (1) (i) $y=-x^2+2x$

(ii) $y=x^2-5x+7$

(iii) $y=\dfrac{1}{2}x^2-3x+4$

(2) $a=4$, $b=17$

14 (1) $y=x^2+4x-2$

(2) $y=3x^2+9x+3$ (3) $y=2x^2+3x-1$

15 (1) $\dfrac{3}{2}$, $-\dfrac{4}{3}$ (2) $\dfrac{-1\pm\sqrt{13}}{6}$

(3) $\dfrac{-5\pm\sqrt{41}}{4}$ (4) $\dfrac{-2\pm\sqrt{10}}{3}$

16 (1) $-\sqrt{3}\leqq m\leqq\sqrt{3}$

(2) $a=-1$ のとき重解は $x=-1$

$a=-9$ のとき重解は $x=-3$

(3) $-16<m<0$

17 (1) $a<\dfrac{2}{3}$ (2) $(-3,\ 0)$

18 (1) (i) $x\geqq-3$ (ii) $x\geqq\dfrac{5}{3}$

(iii) $x<3$

(2) (i) $2<x\leqq5$ (ii) $x<1$

(iii) $-\dfrac{9}{5}\leqq x\leqq\dfrac{7}{2}$

19 (1) (i) $x=-1$, 0, 1, 2

(ii) $12<a\leqq16$

(2) $-10\leqq a<-7$

20 (1) 12個 (2) (i) $10\,\mathrm{g}$ 以上

(ii) $20\,\mathrm{g}$ 以上 $50\,\mathrm{g}$ 以下

21 (1) (i) $-2<x<6$

(ii) $1-\sqrt{2}<x<1+\sqrt{2}$

(iii) すべての実数

(2) 6

22 (1) (i) $-1<x<-3+\sqrt{11}$

(ii) $-5<x<-2$, $3<x<6$

(2) 9, 7

23 (1) $-3\leqq m\leqq1$ (2) $k>3$

24 (1) $3<a<12$ (2) $-2<a<3$

108

25 (1) (i) $x=\dfrac{1\pm\sqrt{2}}{2}$

(ii) $x<-2,\ 7<x$ (iii) $-1\leqq x\leqq 4$

(2) $x=\dfrac{8}{3},\ -\dfrac{2}{5}$

26 (1) $\overline{A}=\{1,\ 2,\ 5,\ 6,\ 8\}$
$\overline{B}=\{2,\ 4,\ 5,\ 7\}$
$\overline{A}\cap\overline{B}=\overline{A\cup B}=\{2,\ 5\}$

(2) $a=3,\ b=1$

27 8, 50

28 (1) (ア) $a\neq 1$ または $b\neq 2$

(イ) $x<0$ かつ $y\neq 1$

(ウ) ある x について $x^2-1\leqq 0$

(エ) $m,\ n$ はともに偶数

(2) 「$x+y\neq 0$ ならば $x\neq 0$ または $y\neq 0$」
この対偶は真

29 (1) 十分条件 (2) 必要十分条件

(3) 必要条件 (4) 十分条件

30 (1) $\sqrt{2}$, $\sqrt{2}+1$ (2) $8(\sqrt{3}+1)$

31 (1) $\sin135°=\dfrac{\sqrt{2}}{2}$, $\cos135°=-\dfrac{\sqrt{2}}{2}$,

$\tan135°=-1$

(2) $\dfrac{3\sqrt{2}}{4}$ (3) 1

32 (1) $\dfrac{\sqrt{15}}{4}$, $\dfrac{\sqrt{15}}{15}$ (2) $-\dfrac{\sqrt{10}}{10}$, $\dfrac{3\sqrt{10}}{10}$

33 (1) $\dfrac{9}{32}$ (2) $\dfrac{7}{16}$ (3) $\dfrac{5-\sqrt{7}}{8}$

34 (1) $\theta=60°,\ 120°$ (2) $\theta=120°$

(3) $\theta=150°$

(4) $0°\leqq\theta<45°,\ 135°<\theta\leqq 180°$

(5) $0°\leqq\theta\leqq 30°$

(6) $0°\leqq\theta<90°,\ 135°\leqq\theta\leqq 180°$

35 $0°$, 1, $120°$, $-\dfrac{5}{4}$

36 (1) 2 (2) $2\sqrt{3}$, $3\sqrt{3}$

(3) $C=60°$ のとき $a=6$,
$C=120°$ のとき $a=3$

37 (1) $2\sqrt{19}$ (2) $30°$

(3) $\sqrt{7}$, $\dfrac{5\sqrt{7}}{14}$

38 (1) (i) $6\sqrt{3}$ (ii) $2\sqrt{14}$

(2) (i) $60°$ (ii) $8\sqrt{3}$

39 (1) $\dfrac{2}{7}$ (2) $12\sqrt{5}$ (3) $\sqrt{5}$

40 (1) $\cos D=-x$ (2) $-\dfrac{1}{2}$

(3) $\sqrt{13}$ (4) $\dfrac{\sqrt{39}}{3}$ (5) $\dfrac{15}{4}\sqrt{3}$

41 (1) $\dfrac{3}{4}$ (2) $\dfrac{\sqrt{14}}{2}$ (3) $\dfrac{2\sqrt{7}}{3}$

42 $x=3,\ y=4$
中央値は 4 回，最頻値は 5 回と 6 回

43 (1) B の方が大きい

(2) B の方が多い

(3) A の方が多い

44 $\overline{x}=8,\ s^2=10,\ s=\sqrt{10}$

45 9, 7

46 (1) 共分散 1，相関係数 0.35 (2) (イ)

47 新しいワクチンのほうが効果があるとは
いえない。

48 (1) 9 (通り) (2) 11 (通り)

49 (1) 30, 20

(2) (i) 504 (通り) (ii) 84 (通り)

50 (1) 120 (通り) (2) 12 (通り)

(3) 72 (通り)

51 (1) 48 (2) 720 (通り) (3) 1344

52 (1) 96 (2) 300 (3) 156

53 (1) 180 (通り) (2) 90 (通り)

(3) 120 (通り)

54 (1) 30 (2) 15 (3) 46

55 (1) 2520 (2) 2100 (3) 6300

56 (1) (i) 220 (個) (ii) 54 (本)

(2) 126, 36, 84

57 (1) $\dfrac{1}{18}$ (2) $\dfrac{3}{4}$

58 (1) $\dfrac{7}{36}$ (2) $\dfrac{1}{6}$ (3) $\dfrac{13}{36}$

59 (1) $\dfrac{33}{100}$ (2) $\dfrac{1}{4}$ (3) $\dfrac{1}{2}$

60 (1) $\dfrac{2}{7}$ (2) $\dfrac{2}{7}$ (3) $\dfrac{1}{35}$

(4) $\dfrac{2}{7}$

61 (1) $\dfrac{2}{7}$, $\dfrac{55}{84}$ (2) $\dfrac{7}{18}$

62 (1) $\dfrac{17}{24}$ (2) $\dfrac{37}{42}$

63 (1) $\dfrac{1}{3}$

(2) (i) $\dfrac{1}{6}$ (ii) $\dfrac{1}{6}$

64 (1) $\dfrac{91}{216}$ (2) $\dfrac{37}{216}$ (3) $\dfrac{61}{216}$

65 (1) (i) $\dfrac{5}{16}$ (ii) $\dfrac{31}{32}$

(2) $\dfrac{160}{729}$

66 (1) $\dfrac{5}{7}$ (2) $\dfrac{3}{7}$

67 (1) 260 (2) 1250 円

68 (1) $x=107°$, $y=35°$

(2) $x=40°$, $y=120°$

(3) $x=110°$

(4) $x=20°$, $y=60°$

69 (1) $x=115°$ (2) $x=50°$, $y=40°$

70 (1) $\dfrac{10}{3}$ (2) $\dfrac{21}{8}$ (3) $12:7$

71 (1) 7 (2) 8 (3) 12

72 (1) 5 (2) 9

(3) $2<d<12$

73 (1) 最大公約数 30, 最小公倍数 450

(2) 18, 546 (3) 36, 180 (4) 30

(5) 12

74 15, 75

75 (1) (i) 7 (ii) 17

(2) (i) $x=-7$, $y=8$

(ii) $x=3$, $y=8$

76 (1) (i) $x=5k-2$, $y=-7k+3$

(ii) $x=9k-2$, $y=-31k+7$

(2) 997

77 (1) $(x, y)=(3, 4), (7, 0), (1, -6),$
$(-3, -2)$

(2) $(x-3)(y-2)=6$, $(-3, 1), (9, 3)$

78 (1) 23, $10111_{(2)}$

(2) $11000_{(2)}$, $100001_{(2)}$ (3) 6

79 (1) 80 (2) 240 (3) 105

80 (1) $2x^2$ $6x+6$, -9

(2) 商 : $x+1$, 余り : $x-4$

(3) $2x^2-3x-4$

81 (1) $-\dfrac{9}{4by}$ (2) 1 (3) $\dfrac{1}{x-1}$

(4) $\dfrac{1}{x(x-2)}$

82 (1) $-\dfrac{1}{2}+\dfrac{1}{2}i$ (2) $4-8i$

(3) 2, -3

83 (1) 7, 18, 2 (2) 7, 10

84 (1) 11 (2) -3, 5

85 (1) (i) $x=1$, $x=1\pm\sqrt{3}$

(ii) $x=-2$, $x=\pm\sqrt{3}$

(2) 4, 1, -2

86 (1) $-3x+9$ (2) $-2x+1$

87 (1) $a=2$, $b=-5$

(2) $a=1$, $b=2$, $c=1$

(3) $a=2$, $b=3$

88 (1) $12\sqrt{2}$ (2) C(0, 2)

(3) D$\left(\dfrac{9}{2}, \dfrac{1}{2}\right)$, E(15, 11)

89 (1) $y=5x-3$ (2) $y=-\dfrac{2}{3}x+4$

(3) $y=\dfrac{2}{3}x-\dfrac{7}{3}$, $y=-\dfrac{3}{2}x+2$

(4) $y=-2x+9$

90 (1) $(x+1)^2+(y+2)^2=16$

(2) $(x-5)^2+(y+2)^2=20$

(3) $(x+1)^2+(y-3)^2=5$

(4) $x^2+y^2-3x+y=0$

91 (1) $(4, 3)$, $(-3, -4)$

(2) $-5<n<5$

$n=5$ のとき, 接点は $(-2, 1)$

$n=-5$ のとき, 接点は $(2, -1)$

92 (1) (i) -1 (ii) 0

(2) (i) $\dfrac{\pi}{6}<x<\dfrac{5}{6}\pi$

(ii) $0\leqq x\leqq\dfrac{2}{3}\pi$, $\dfrac{4}{3}\pi\leqq x<2\pi$

(iii) $0\leqq x<\dfrac{\pi}{3}$, $\dfrac{\pi}{2}<x<\dfrac{4}{3}\pi$, $\dfrac{3}{2}\pi<x<2\pi$

93 (1) (i) $\dfrac{\sqrt{2}+\sqrt{6}}{4}$ (ii) $\dfrac{\sqrt{2}+\sqrt{6}}{4}$

(2) $-\dfrac{16}{65}$, $-\dfrac{63}{65}$

94 (1) $-\dfrac{7}{9}$ (2) $\dfrac{4\sqrt{2}}{9}$ (3) $-\dfrac{4\sqrt{2}}{7}$

(4) $\dfrac{\sqrt{6}}{3}$ (5) $\dfrac{\sqrt{3}}{3}$ (6) $\dfrac{17}{81}$

95 (1) $\dfrac{\pi}{4}$, $\sqrt{2}$, π, -1

(2) $x=\dfrac{\pi}{2}$, $\dfrac{5}{6}\pi$

96 (1) (i) 8 (ii) -12 (iii) a^2

110

(2) (i) $x=2$ (ii) $x=\dfrac{1}{2}$

　(iii) $x<-3$ (iv) $x<-4$

97 (1) 2 (2) -1 (3) 2 (4) 1

(5) $\dfrac{3}{2}$

98 (1) 24 桁 (2) 小数第 23 位

99 (1) (i) $8x-5$ (ii) $12x^2+4x-2$

(2) (i) $2x^3+\dfrac{1}{2}x^2-x+C$ (ii) 8

(3) $3x^2-4x+5$, 4

100 (1) $y=2x-\dfrac{9}{4}$

(2) $y=3x-16$, $y=3x+16$

101 (1) $\dfrac{4}{3}$ (2) $\dfrac{8}{3}$ (3) $\dfrac{9}{2}$

(4) $8\sqrt{3}$